中国能源革命与先进技术丛书

新能源消纳的有效安全域及其应用

杨 明 李 鹏 于一潇 著

机械工业出版社

在含高比例新能源发电电力系统中，如何应对新能源发电功率的强不确定性成为大规模新能源并网消纳亟待解决的关键问题。本书提出了促进大规模新能源消纳的有效安全域概念，系统地介绍了基于有效安全域分析的含高比例新能源电力系统运行优化方法，实现新能源消纳能力的准确评估、合理优化与显著提升。

本书所构建的新能源消纳有效安全域，能够表达与优化节点上新能源发电功率的可接纳范围；同时方便地表达新能源发电因不确定性无法完全接纳而导致的系统运行风险，实现对备用配置效果的准确刻画；此外，还能够为电力系统集中与分散控制的协同、系统新能源消纳能力的提升，提供量化依据。在内容编排上，本书在介绍电力系统运行控制物理机理与相应数学理论的基础上，提出了新能源消纳的有效安全域系列评估、优化与提升方法，并逐章给出了所述模型与方法的算例分析，验证所述模型与方法的有效性，增强读者对于方法的理解。

本书内容深入浅出、系统连贯、自成体系，可为大规模新能源并网消纳技术领域的研究生、科研人员和工程技术人员提供有益参考。

图书在版编目（CIP）数据

新能源消纳的有效安全域及其应用/杨明，李鹏，于一潇著. —北京：机械工业出版社，2023.12

（中国能源革命与先进技术丛书）

ISBN 978-7-111-73967-8

Ⅰ.①新… Ⅱ.①杨… ②李… ③于… Ⅲ.①新能源-发电-研究 Ⅳ.①TM61

中国国家版本馆 CIP 数据核字（2023）第 187801 号

机械工业出版社（北京市百万庄大街 22 号　邮政编码 100037）

策划编辑：吕　潇　　　　　　　　　　责任编辑：吕　潇
责任校对：郑　婕　丁梦卓　闫　焱　　封面设计：马精明
责任印制：郜　敏

北京富资园科技发展有限公司印刷

2023 年 12 月第 1 版第 1 次印刷

169mm×239mm・10.25 印张・1 插页・209 千字

标准书号：ISBN 978-7-111-73967-8

定价：89.00 元

电话服务　　　　　　　　　网络服务

客服电话：010-88361066　　机　工　官　网：www.cmpbook.com

　　　　　010-88379833　　机　工　官　博：weibo.com/cmp1952

　　　　　010-68326294　　金　书　网：www.golden-book.com

随着风电、光伏等具有随机性特征的新能源发电并网规模的不断扩大，电力系统运行中的波动性与随机性显著增强，严重影响电力系统运行的经济性与安全性。为此，如何高效利用电力系统中有限的可调度资源，提升备用配置的针对性与有效性，准确评估、合理优化并有效提升电力系统的新能源消纳能力，从而安全、经济地消纳大规模新能源发电，减少弃风、弃光等现象的发生，成为促进大规模新能源并网消纳理论发展，推动我国以新能源为装机主体和电量主体的新型电力系统的建设与发展，助力实现"双碳"国家重大战略目标所亟待解决的关键问题。

在上述背景下，山东大学电力系统经济运行团队以新型电力系统建设为背景，针对大规模新能源的安全、经济并网消纳问题，开展了专题研究，结合随机规划、鲁棒优化、分布鲁棒优化等数学优化方法以及电力系统运行的物理规律，提出了"新能源消纳的有效安全域"概念，并将其应用到电力系统的多个典型运行优化场景中，实现含大规模新能源电力系统的安全、经济运行。依托前期研究成果，团队出版了可以视作本书第1版的《电力系统运行调度的有效静态安全域法》，受到了相关技术领域的研究生、科研人员和工程技术人员的好评。根据新型电力系统的建设与发展需要，本书在前述著作的基础上，介绍了有效安全域法的实现要点，并拓展了应用场景，增加了新能源概率预测、电压约束下有效安全域优化、日前机组组合中有效安全域优化、输配协同下有效安全域提升、多区域协同下有效安全域提升等相关章节，使本书的理论体系更趋完善。同时，为便于读者查阅，本书以评估、优化与提升电力系统的新能源发电接纳能力为线索，以电力系统运行优化的时间尺度递进关系为思路，对章节进行编排，使全书逻辑关系更加清晰。

本书分7章，各章主要编排如下：第1章介绍了电力系统运行调度的理论基础，在电力系统经典安全域的基础上，引出新能源消纳的有效安全域概念，并对鲁棒优化、随机规划、分布鲁棒优化等优化理论进行了论述；第2章基于提出的新能源消纳的有效安全域概念，引出新能源发电功率概率预测技术，介绍了新能源发电功率预测的国内外发展历程及其对有效安全域方法的重要意义，总结了概率预测的基本概念与常用方法；第3章面向新能源消纳能力评估问题，介绍了一种新能源消纳的最大有效安全域评估方法，可以实现有效安全域最大化条件下的经济性最优；第4章面向实时时间尺度下的新能源消纳能力优化问题，分别针对保守度可控、概率分布已知、概率分布不确定、节点电压约束四个典型场景，介绍了相应的实时调度中的新能源消纳有效安全域优化方法，通过算例对比研究证实了所提方法的有效性；第5章面向超前时间尺度下的新能源消纳能力优化问题，介绍了一种柔性超前调度中的新能源消纳有效安全域优化方法，进一步考虑了时段间的关联性，以此增加系统运行中的柔性，以应对时段间等效负荷的快速变化；第6章则对日前时间尺度下的新能源消纳能力优化问题进行了探讨，介绍了一种日前机组组合中的新能源消纳有效安全域优化方法；最后一章则在前述章节的基础上，对新能源消纳能力提升问题进行了研究，从挖掘多电网互动中的协同潜力出发，分别从输配协同、多区域电网协同的角度介绍了计及输配协同的新能源消纳有效安全域提升方法与计及多区域协同的新能源消纳有效安全域提升方法。

　　本书是团队研究成果的总结，在此感谢直接参与此项研究的硕士与博士研究生程凤璐、于丹文、李梦林和张玉敏，以及所有参与到此项研究工作中的其他多位同学。此外，还要衷心感谢在研究过程中给予指导的韩学山教授、参与讨论的团队其他老师，以及长期保持密切合作与沟通的中国电力科学研究院新能源研究所、国网山东省电力公司的各位专家。本书研究得到了国家重点研发计划项目"促进可再生能源消纳的风电/光伏发电功率预测技术及应用"（2018YFB0904200）、国家重点研发计划项目"大规模风电/光伏多时间尺度供电能力预测技术"（2022YFB2403000）、国家重点研发计划政府间国际科技创新合作项目"基于多元柔性挖掘的主动配电网协同运行关键技术与仿真平台研究"（2019YFE0118400）、国家自然科学基金联合基金项目"基于灵活性挖掘的区域能源互联网协同运行关键技术与仿真平台研究"（U2166208）的资助，也一并表示感谢。

　　本书内容体现的研究成果是阶段性的，由于作者水平有限，难免存在缺陷与不足，恳请读者给予批评和指正。

作　者

目　录　Contents

缩略词表

ACE	Average Coverage Error	平均覆盖率误差
ADG	Active Distribution Grid	主动配电网
ADMM	Alternating Direction Method of Multipliers	交替方向乘子法
AGC	Automatic Generation Control	自动发电控制
ANN	Artificial Neural Network	人工神经网络
APEI	Allowable Power Exchange Interval	允许交换功率区间
AR	Autoregressive	自回归
ARIMA	Auto-Regressive Integrated Moving Average	差分自回归移动平均
ARMA	Auto-Regressive Moving Average	自回归移动平均
ARWP	Admissible Region of Wind Power	风电功率可接纳范围
ATC	Analysis Target Cascading	目标级联分析
CB	Confidence Band	置信带
CDF	Cumulative Distribution Function	累积分布函数
CPI	Center Probability Interval	中心概率区间
CRPS	Continuous Ranked Probability Score	连续排名概率得分
CVaR	Conditional Value-at-Risk	条件风险价值
CWC	Coverage Width Criterion	覆盖宽度准则
C&CG	Column-and-Constraint Generation	列与约束生成
DRO	Distributionally Robust Optimization	分布鲁棒优化
FW-CI	Family-wise Confidence Level based CIs	基于整体置信水平的概率区间
IDM	Imprecise Dirichlet Model	非精确狄利克雷模型
KLD	Kullback-Leibler Divergence	KL 散度
MA	Moving Average	移动平均
MILP	Mixed Integer Linear Programming	混合整数线性规划

MP	Master Problem	主问题
NWP	Numerical Weather Prediction	数值天气预报
PGP	Preemptive Goal Programming	优先目标规划
PICP	Prediction Interval Coverage Probability	区间覆盖率
PINAW	Prediction Interval Normalized Averaged Width	预测区间带宽
PW-CI	Point-wise Confidence Level based CIs	基于逐点置信水平的概率区间
QR	Quantile Regression	分位数回归
RO	Robust Optimization	鲁棒优化
SP	Stochastic Programming	随机规划
SP	Subproblem	子问题
VaR	Value-at-Risk	风险价值
WD	Wasserstein Distance	Wasserstein 距离

Chapter 1
第1章

理 论 基 础

1.1 新能源消纳的有效安全域

1.1.1 经典安全域

电力系统的安全域有较长的研究历史，成果诸多。经典的安全域基于直流潮流分析方法给出，指的是在给定电网拓扑结构下，能够满足电力系统功率平衡约束、支路潮流约束以及平衡机调整范围约束的节点有功功率注入域（包括发电机节点及负荷节点）[1]。

然而，在大规模新能源的并网消纳问题中，安全域分析有其独特特点，体现在以下几个方面。

1）功率差额的多机平衡机制：经典安全域方法在求解直流潮流方程时，预先设定的平衡节点将对功率差额进行补偿，保证电力系统供需的平衡。而在实际运行中，注入功率扰动造成的系统功率供需差额将根据参与因子的大小，在自动发电控制（Automatic Generation Control，AGC）机组间进行分配，从而形成了新能源并网消纳的多机平衡机制。

2）区别化的考察对象：在对大规模新能源并网消纳策略的优化过程中，电网运行人员并非是同等程度地关心所有节点功率扰动的安全接纳范围。在不考虑机组或传输线路故障及常规机组发电计划执行偏差的情况下，系统中需要关注的往往是风电等不确定性电源接入节点的安全接纳范围。

3）存在无效的安全域：对于需要考察的节点，安全域也并非越大越好。对于注入存在扰动的节点，只有与扰动范围重合的部分安全域才是对系统应对扰动有效的安全域。由于系统中机组的调节能力有限、支路的传输能力有限，节点的安全注入范围之间必然存在相互挤压的现象。因而，在进行新能源并网消纳策略优化决策时，要使有限的系统资源尽量形成有效的安全域，以提高系统应对新能源发电功率扰动的总体能力。

由此,接下来定义新能源消纳的有效安全域,给出大规模新能源并网消纳中所需的安全域形式。

1.1.2 新能源消纳的有效安全域定义

由 1.1.1 节分析可以看出,在大规模新能源消纳策略优化决策中,我们更加关心的是通过 AGC 调频机组的补偿控制,在新能源接入节点上,系统对于新能源发电不确定性的消纳能力。由此,在经典安全域的基础上,定义新能源消纳的有效安全域为**系统运行中所有调频机组补偿控制所形成安全域与新能源接入节点功率扰动范围的重合部分**。

为了形象地说明新能源消纳的有效安全域与经典安全域之间的区别,图 1.1 给出了两种系统运行条件下(机组的运行基点与参与因子设置不同),三个新能源接入节点上经典安全域与新能源消纳的有效安全域的对比。

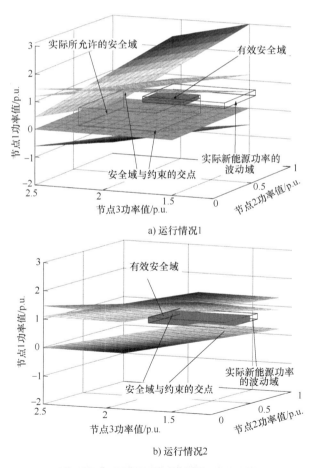

a) 运行情况1

b) 运行情况2

图 1.1 有效安全域示意图(见彩图)

由图 1.1 可以看出，示例系统在 3 个节点上均具有不确定新能源，其新能源发电功率标幺值构成三维坐标系。图中，红色矩形框所围成的空间，为系统在三个节点上所形成的安全域，此区域中任一坐标点对应的新能源发电功率组合形式都是系统可以安全应对的。图中蓝色矩形框给出的是新能源发电功率自身的扰动域，其中任一坐标点对应着系统真实可能发生的新能源发电功率组合形式。而紫色区域对应的是安全域与新能源发电功率扰动域的重合部分，即为新能源消纳的有效安全域。

图 1.1a 给出了安全域最大时的情况。在此情况下，通过调整机组的运行基点与参与因子，使得三个节点上所形成的安全接纳范围之和最大。然而，在此情况下，系统在三个节点上的安全接纳范围对于三个节点新能源发电功率自身扰动范围的覆盖率仅有 15.95%。

与之相对应，通过调整机组运行基点和参与因子的设定值，图 1.1b 给出了另一种运行情况。在此情况下，系统在三个节点上所形成的安全接纳范围之和仅是图 1.1a 中的 1/6，但其对于三个节点上新能源发电功率自身扰动范围的覆盖率却达到了 78.02%。

对比图 1.1 中的两种情况，显然，图 1.1b 对应的机组运行基点与参与因子的设定方式对于提高系统运行安全性是更为有利的。因而，对于大规模新能源并网消纳而言，要保证扰动情况下系统运行的安全性，应通过发电机组运行基点与参与因子的设置，使系统在各个节点上所能覆盖的功率扰动范围尽量大，也就是要使系统的新能源消纳有效安全域最大化。

需要说明的是，在图 1.1 对应的评估乃至后续章节的优化过程中，我们关注的是各个节点上新能源发电功率扰动的接纳范围，这是安全域在各坐标轴上的投影长度而非安全域的体积。例如，在图 1.1 的例子中，我们要求的是红色矩形框（经典安全域）在对应坐标轴上的投影长度之和最大，或者是紫色区域（有效安全域）在对应坐标轴上的投影长度之和最大。采用这样的处理方式，一方面是为了计算的方便，投影长度相加为线性运算，而求体积是非线性的相乘运算，显然，在优化问题中，前者的计算特性要好很多；另一方面，由于安全域的投影直接对应着节点的可接纳的扰动范围，各个坐标轴上的投影之和，就是系统可以接纳的新能源发电功率总的扰动范围，所以，采用坐标轴投影方式与系统运行安全度量的对应关系更加直接。

同时，还值得注意的是，即使实现了新能源接纳的有效安全域最大化，由于受系统可调资源的限制，对于某些极端新能源发电功率扰动情况，系统可能仍然无法应对。在此情况下，一方面，可通过调用紧急备用电源，增强系统在薄弱节点上的新能源发电功率扰动应对能力；另一方面，在新能源发电功率扰动无法完全接纳的节点，可采用分布式调控手段，降低节点注入或吸收功率的不确定性，以减轻主网的调节压力。此外，系统在决策应维持的有效安全域的大小时，还应考虑到经济性因素，以避免过于保守的决策结果。

1.1.3 新能源消纳的有效安全域实现要点

由 1.1.2 节分析可以看出，相比于经典安全域分析方法，有效安全域分析方法能够有效提高系统备用配置的针对性和有效性，在应对新能源发电不确定性和提升电网的新能源消纳能力方面具有显著优势。根据 1.1.2 节中新能源消纳的有效安全域定义，其实现主要有以下要点。

1）功率扰动域的量化：根据有效安全域的定义，功率扰动域的准确量化是实现有效安全域分析方法的必要前提。为便于后续有效安全域的评估与优化，不仅要准确获取功率扰动域的边界信息，还需要掌握功率扰动域内的概率分布信息。在此背景下，新能源发电功率概率预测技术是准确获取扰动域的有效途径之一，相关信息详见第 2 章。

2）备用配置理念的转变：当前调度方法主要关注备用配置的量，缺乏对配置效果的分析，导致备用配置效率低、针对性差，造成系统实际调节能力无法充分释放，威胁系统运行的安全性；同时，易出现以极大经济代价平抑罕见小风险扰动的现象，严重影响电网运行的经济性。为此，有效安全域法转变备用配置的理念，由关注"量"向关注"效果"转变。

3）有效安全域与备用配置间关系构建：有效安全域是以备用配置效果为导向的优化方法，其与备用配置之间关系的显式表达是构建有效安全域评估与优化模型的必要条件。仿射与自适应是两阶段鲁棒调度中常用扰动平抑策略。在前者中，备用按照既定线性策略被调用，以平抑节点扰动，在各节点形成有效安全域，进而建立上述二者间的映射关系，如第 4 章；而后者中备用根据不同的扰动场景自适应地被调用，形成有效安全域，进而构建上述二者间的关系，如第 6 章。

4）调度策略的确定：在构建与求解调度模型时，备用配置效果指向经济性与安全性两类目标，相应地，产生了两种常用的调度模型构建策略：①以运行风险最小化为首要目标，兼顾电网运行成本，实现有效安全域的评估，如第 3 章；②将运行风险纳入目标函数中，自动均衡运行风险与成本，进而，求解相应的优化调度模型，实现系统有效安全域的评估与优化，如第 5 章。

1.2 鲁棒优化

1.2.1 鲁棒优化的一般概念

鲁棒优化（Robust Optimization，RO）是一类基于区间扰动信息的不确定性决策方法，其目标在于实现不确定参数最劣情况下的最优决策，即通常所说的最大最小决策问题[1-3]。

鲁棒优化具有如下特点：

　　1）决策关注于不确定参数的扰动边界，一般不需要获知不确定参数精确的概率分布；

　　2）一般来讲，鲁棒优化模型可通过转化，构成其确定性等价模型进行求解，求解规模与随机规划方法相比相对较小；

　　3）由于鲁棒优化决策针对不确定参数的最劣实现情况，其解往往存在一定的保守性。

　　上述特点使鲁棒优化成为一类特殊的不确定优化方法，具有独特的应用条件与效果。

　　不失一般性，以考虑参数不确定性的线性规划问题为例，构建鲁棒优化的一般模型[1]，表示为

$$\min_{x}\left\{\max_{(c,A,b)\in U} c^{\mathrm{T}}x : Ax \leqslant b : (c,A,b)\in U\right\} \tag{1.1}$$

式中，x 代表 n 阶待决策向量；c 是线性目标函数中的参数向量；A 是约束方程中的 $m\times n$ 阶系数矩阵；b 是 m 阶右边项参数向量；U 是不确定集。

　　由式（1.1）可以看出，线性鲁棒优化模型与线性规划模型 $\min_{x}\left\{c^{\mathrm{T}}x : Ax \leqslant b\right\}$ 在形式上具有一致性，但两者参数的属性有着本质区别。鲁棒优化模型考虑了目标函数和约束条件中参数的不确定性，即参数 c，A，b 可在不确定集合 U 中任意取值，当然，其也可以为确定值。

　　根据鲁棒优化的定义，其解具有以下特点：

　　1）决策在不确定参数实现情况未知条件下进行，可以获得一个确定的解；

　　2）决策结果足以应对所有不确定参数的同时扰动；

　　3）当不确定参数在预先设定的不确定集内取值时，模型约束必然满足。

　　由此可见，鲁棒优化模型的有效解是指当模型参数在不确定集合中任意取值时，能够保证所有约束均满足的一组确定的数值解。

　　为体现鲁棒优化解的上述特点，需在鲁棒优化模型中显式表达参数不确定性给决策结果带来的最劣影响，由此，可将式（1.1）所示的鲁棒优化标准模型转化为其鲁棒对等模型，如式（1.2）所示：

$$\min_{x}\left\{\max_{(c,A,b)\in U} c^{\mathrm{T}}x : Ax \leqslant b \quad \forall (c,A,b)\in U\right\} \tag{1.2}$$

　　该模型中，内部嵌套的最大化问题表征了不确定参量对于优化的最劣影响，而外部最小化问题则表明了鲁棒优化所寻求的最优解是在最劣情况下的最好解。观察式（1.2）不难发现，在将不确定参量作为内层优化问题的决策变量后，该式变为一个确定性的多层嵌套的优化问题，其求解思路是将内层子问题通过对偶变换等方式处理，形成单层线性或非线性确定性优化问题，实现模型的可解化处理。进而，可通过各类分解迭代快速算法（如 Benders 分解法、割平面法、C&CG 算法等），实现问题的有效求解[4-6]。

1.2.2 鲁棒不确定集的构成

由鲁棒优化的基本思想可知，模型中不确定参数的变化范围将构成一个确定的有界集合，优化过程则将依据集合边界，寻找最劣扰动情况下的最优解。据此思路，对解保守性的控制即体现为对不确定集合规模的控制，这是关系到模型求解效率和保守性的重要问题。

当前研究中常采用盒式不确定集、多面体不确定集、椭球不确定集等形式描述不确定参数的变化范围[7]。本节将对各类不确定集合的特点及其解的保守程度进行简单分析。

为方便描述，设不确定参数的不确定区间相对于估计值对称，如对于不确定参数 $\tilde{a}_{ij}$，有如下定义[8,9]：

$$\tilde{a}_{ij} = a_{ij} + \xi_{ij}\hat{a}_{ij} \quad \forall j \in \boldsymbol{J}_i \tag{1.3}$$

式中，a_{ij} 为参数的估计值；$\hat{a}_{ij}$ 为给定常量；ξ_{ij} 为独立不确定变量；$\boldsymbol{J}_i$ 为约束 i 中的不确定系数子集。

1. 盒式不确定集

区间是描述不确定参数波动范围的一种基本形式，由区间直接构成的不确定集被称为盒式不确定集，对于式（1.3）所示不确定参数的表达方式，盒式不确定集可以表示为[10]

$$U_\infty = \{\boldsymbol{\xi} \mid \|\boldsymbol{\xi}\|_\infty \leq \boldsymbol{\Psi}\} = \{\boldsymbol{\xi} \mid |\xi_j| \leq \boldsymbol{\Psi}, \forall j \in \boldsymbol{J}_i\} \tag{1.4}$$

式中，$\boldsymbol{\Psi}$ 是控制不确定集大小的可调参数。

盒式不确定集对单一不确定参数的扰动边界设定了限制，优化模型将保证不确定参数区间边界内各种实现情况的可行性，而不考虑参数超出区间边界的情况，因此，盒式不确定集通过调整区间的覆盖范围来决定决策结果的保守性。

2. 多面体不确定集

盒式不确定集限定了单一不确定变量的扰动范围。然而，所有扰动同时到达边界的情况并不太可能发生，这是由中心极限定理所决定的，与个体不确定参数遵循何种概率分布无关。由此，可以通过对不确定参数同时达到扰动边界的数量的限制，来描述现实中的这种规律，从而构成多面体不确定集，表示为

$$U_1 = \{\boldsymbol{\xi} \mid \|\boldsymbol{\xi}\|_1 \leq \Gamma\} = \left\{\boldsymbol{\xi} \,\middle|\, \sum_{j \in \boldsymbol{J}_i} |\xi_j| \leq \Gamma\right\} \tag{1.5}$$

式中，Γ 是控制不确定集中同时到达边界不确定量多少的可调参数，表征了扰动之间的相互关联，用以控制模型的保守度。

3. 椭球不确定集

椭球不确定集是另一类可以限制扰动同时率的集合描述形式，其与多面体不确定集含义相似，不过采用的是二范数的形式来控制集合的大小。

$$U_2 = \left\{ \boldsymbol{\xi} \mid \|\boldsymbol{\xi}\|_2 \leqslant \Omega \right\} = \left\{ \boldsymbol{\xi} \mid \sum_{j \in J_i} \xi_j^2 \leqslant \Omega^2 \right\} \qquad (1.6)$$

式中，Ω 是控制不确定集大小的可调参数。

4. 组合不确定集

显然，不管是多面体集合或是椭球集合，集合内超出不确定量自身扰动边界的部分都是没有意义的。由此，可以通过盒式不确定集与多面体或椭球不确定集的交集，来限定不确定量的扰动范围。其中，盒式不确定集用以限定每个不确定量的扰动范围，而多面体或椭球不确定集用以限定各个不确定量扰动的同时率。如以椭圆集与盒式集为例，图1.2给出了两种集合几种关系下的交集（多面体集与之类似，不再赘述）。

在图1.2中，不确定集可由式（1.7）表示：

$$U_{2\infty} = \left\{ \boldsymbol{\xi} \mid \sum_{j \in J_i} \xi_j^2 \leqslant \Omega^2, \ |\xi_j| \leqslant 1, \forall j \in \boldsymbol{J}_i \right\} \qquad (1.7)$$

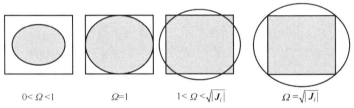

$0 < \Omega < 1$ 　　　　$\Omega = 1$ 　　　　$1 < \Omega < \sqrt{|J_i|}$ 　　　　$\Omega = \sqrt{|J_i|}$

图1.2 "盒式+椭球" 不确定集

图1.2中，盒式不确定集的控制参数 $\Psi = 1$。在前两幅子图中，椭圆集参数 $0 < \Omega \leqslant 1$，不确定量的扰动范围完全由椭圆集所确定，其中，在 $\Omega = 1$ 时，椭圆集恰好内接盒式集。在第三幅子图中，$1 < \Omega < \sqrt{|J_i|}$，这里，$|J_i|$ 表示约束 i 中不确定量的维数，图中 $|J_i| = 2$。此时，不确定量的扰动范围由椭圆集和盒式集共同决定。在第四幅子图中，$\Omega = \sqrt{|J_i|}$，此时盒式集内接椭圆集，在此种情况下，乃至 Ω 更大的情况下，不确定量的扰动范围都是由盒式集决定的。

需要注意的是，不同形式的扰动集合，其应用场景也是不同的。在本书所提出的系列有效安全域方法中，有效安全域将采用盒式不确定集的表达形式。采用这种不确定集的表达形式有一种突出的优点，就是在所形成的有效安全域中，各不确定量被允许的扰动范围将是相互独立的。也就是说，任何一个不确定量不需要事先获知其他不确定量的真实实现，就可以明确自己被允许的扰动范围。这一特性特别重要，它更加符合电力系统运行的实际情况，使我们在确定调度计划的同时，就可以下发系统各个节点所能够接纳的扰动范围，为多层协同的系统运行提供重要的控制信号（显然，椭圆、多面体不确定集由于存在多个不确定量之间的关联约束，并不具有这一特性）。

1.2.3 Soyster 鲁棒线性优化方法

对于如式（1.1）所示的一般鲁棒线性优化模型，其目标函数以及约束右边项中的不确定参数可以方便地通过引入辅助变量或者移项的方式等价转移到约束的左边项中，因而，约束左边项中含有不确定参数的鲁棒优化问题是具有普遍性和重要意义的。Soyster 较早地研究了这一类问题，他针对线性优化约束矩阵的系数不确定问题，设计了一套有效的求解方法，被称为 Soyster 方法[11]。

考虑下面的线性优化问题：

$$\begin{aligned} \max \quad & \boldsymbol{c}^{\mathrm{T}}\boldsymbol{x} \\ \text{s. t.} \quad & \boldsymbol{A}\boldsymbol{x} \leqslant \boldsymbol{b} \\ & \boldsymbol{l} \leqslant \boldsymbol{x} \leqslant \boldsymbol{u} \end{aligned} \tag{1.8}$$

假设不确定参数仅存在于系数矩阵 $\boldsymbol{A}$ 中，即认为目标函数系数 $\boldsymbol{c}$ 和约束右边项 $\boldsymbol{b}$ 是确定的。令 $m \times n$ 阶系数矩阵 $\boldsymbol{A} = (a_{ij}) = (\boldsymbol{a}_1, \boldsymbol{a}_2, \cdots, \boldsymbol{a}_m)$，$\boldsymbol{a}_i \in R^n$，$\forall j$，其中，$\boldsymbol{a}_i$ 为行向量，并令 a_{ij}^0 为 a_{ij} 的估计值。J_i 是系数矩阵 $\boldsymbol{A}$ 第 i 行中所有不确定参数 a_{ij} 列下标 j 的集合，且 a_{ij} 任意取值于区间 $\left[a_{ij}^0 - \rho \mid a_{ij}^0 \mid, \ a_{ij}^0 + \rho \mid a_{ij}^0 \mid \right]$ 中，其中，$\rho \geqslant 0$ 是反映不确定水平的参数。

由此，对于某一约束 $\boldsymbol{a}_i \boldsymbol{x} \leqslant b_i$ 而言，$\boldsymbol{x}$ 为可行解的充分条件为

$$\boldsymbol{a}_i \boldsymbol{x} \leqslant b_i, \ \forall a_{ij} \in \left[a_{ij}^0 - \rho \mid a_{ij}^0 \mid, a_{ij}^0 + \rho \mid a_{ij}^0 \mid \right] \tag{1.9}$$

式（1.9）又可描述为

$$\max_{\boldsymbol{a}_i} \left\{ \boldsymbol{a}_i \boldsymbol{x} : \boldsymbol{a}_i \in U \right\} \leqslant b_i \tag{1.10}$$

其中，

$$U = \left\{ \boldsymbol{\lambda} \in R^n : \mid \lambda_j - a_{ij}^0 \mid \leqslant \rho \mid a_{ij}^0 \mid, \ \forall j \in \boldsymbol{J}_i; \lambda_j = a_{ij}^0, \ \forall j \notin \boldsymbol{J}_i \right\} \tag{1.11}$$

进而，可以表示为

$$\begin{aligned} & \max_{\boldsymbol{a}_i} \left\{ \boldsymbol{a}_i \boldsymbol{x} : \boldsymbol{a}_i \in U \right\} \\ & = \max \left\{ \sum_j a_{ij}^0 x_j + \sum_{j \in J_i} y_j x_j : \mid y_j \mid \leqslant \rho \mid a_{ij}^0 \mid \right\} = \sum_j a_{ij}^0 x_j + \sum_{j \in J_i} \rho \mid a_{ij}^0 x_j \mid \leqslant b_i \end{aligned} \tag{1.12}$$

式（1.12）通过找到约束对应最大化问题解的规律，使约束中的不确定参数被去除了。从而，使得原优化问题等价于

$$\begin{aligned} \max \quad & \boldsymbol{c}^{\mathrm{T}}\boldsymbol{x} \\ \text{s. t.} \quad & \sum_j a_{ij}^0 x_j + \sum_{j \in J_i} \rho \mid a_{ij}^0 x_j \mid \leqslant b_i, \ \forall i \\ & \boldsymbol{l} \leqslant \boldsymbol{x} \leqslant \boldsymbol{u} \end{aligned} \tag{1.13}$$

进而，为去除约束中的求绝对值运算，将问题转化为常规线性优化问题，引入

新的决策变量 k, 使式（1.13）又等价于

$$\max \quad \boldsymbol{c}^{\mathrm{T}}\boldsymbol{x}$$

$$\text{s. t.} \quad \sum_j a_{ij}^0 x_j + \sum_{j \in J_i} \rho \mid a_{ij}^0 \mid k_j \leqslant b_i, \ \forall i$$

$$k_j \geqslant x_j, \ \forall j \tag{1.14}$$

$$k_j \geqslant -x_j, \ \forall j$$

$$\boldsymbol{l} \leqslant \boldsymbol{x} \leqslant \boldsymbol{u}$$

$$\boldsymbol{k} \geqslant 0$$

式（1.14）即为 Soyster 所给出的鲁棒优化的求解模型。该模型把不确定的线性优化问题转化为确定的线性优化问题，同时保证了所求的最优解在不确定参数在给定范围内取值时，所有约束都可以得到满足。

1.3 随机规划

当假定不确定量的概率分布已知时，可用随机规划（Stochastic Programming, SP）方法来对不确定优化问题进行建模与求解。与鲁棒优化相比，随机规划可直接利用不确定参量的统计信息，得到具有概率优性的决策结果；随机规划的缺点在于不确定量的统计规律在现实中往往难以准确获取，同时，随机规划的求解一般具有较大的计算量。

1.3.1 随机规划的几种常见形式

随机规划作为对含有不确定量优化问题建模的有效方法，已有一个多世纪的发展历史，其大致可分为如下三类。

1. 期望值模型

期望值模型是随机规划中的一种常用方法，所谓期望值一般是指目标的期望值，就是在随机变量各种实现情况下目标函数的平均值。这种方法一般要求在使各种约束满足的情况下，使目标函数的期望值达到最优。现实中常用的场景法、穷举法、随机模拟平均法等在广义上都可划入此类方法。

期望值模型可以抽象表达为

$$\begin{cases} \max \ E(f(\boldsymbol{x},\xi)) \\ \text{s. t.} \\ g_i(\boldsymbol{x},\xi) \leqslant 0 \quad i = 1,2,\cdots,p \\ h_j(\boldsymbol{x},\xi) = 0 \quad j = 1,2,\cdots,q \end{cases} \tag{1.15}$$

式中，$\boldsymbol{x}$ 是 n 维决策变量；ξ 是 t 维随机向量，其概率密度函数为 $\varphi(\xi)$；$f(\boldsymbol{x},\xi)$ 是目标函数；$g_i(\boldsymbol{x},\xi)$ 和 $h_j(\boldsymbol{x},\xi)$ 是随机约束函数；E 表示期望值算子，有

$$E(f(\boldsymbol{x},\xi)) = \int_R f(\boldsymbol{x},\xi)\varphi(\xi)\mathrm{d}\xi \qquad (1.16)$$

2. 机会约束规划

机会约束规划是指约束中含有随机变量，必须在尚未获知随机变量准确取值的情况下做出决策的方法。机会约束规划要求优化问题中含有随机变量的约束在运行中满足的概率不低于某一置信水平。机会约束规划也常被用来处理电力系统不确定条件下的运行调度问题，但其约束以一定概率成立的特性，与现实电力系统的安全诉求并不总能完全契合。

机会约束规划方法可以抽象表达为

$$\begin{cases} \max f(\boldsymbol{x}) \\ \mathrm{s.\,t.}\; P_r\{g_j(\boldsymbol{x},\xi)\leqslant 0, j=1,2,\cdots,p\}\geqslant\alpha \end{cases} \qquad (1.17)$$

式中，$f(\boldsymbol{x})$ 是目标函数；$\boldsymbol{x}$ 是决策向量；ξ 是随机向量；$g_j(\boldsymbol{x},\xi)$ 是随机约束函数；$P_r\{\cdot\}$ 表示 $\{\cdot\}$ 中事件成立的概率；α 是事先给定的约束条件成立的置信水平。

3. 相关机会规划

与机会约束规划强调约束在一定置信水平下满足不同，相关机会规划关心的是目标事件实现的概率，其要求事件发生的机会函数在不确定环境下达到最优。

相关机会规划可抽象表达为

$$\begin{cases} \max \quad P_r\{g_j(\boldsymbol{x},\xi)\leqslant 0, j=1,2,\cdots,p\} \\ \mathrm{s.\,t.} \quad \boldsymbol{x}\in E \end{cases} \qquad (1.18)$$

式中，$\boldsymbol{x}$ 是决策向量；E 表示确定性约束的可行集；$P_r\{g_j(\boldsymbol{x},\xi)\leqslant 0, j=1,2,\cdots,p\}$ 表示所关心事件实现的概率。

1.3.2 风险价值和条件风险价值

风险被定义为预期收益的不确定性，一般应包含事件发生概率及事件后果两部分信息。在随机规划中，风险指标常常被用作优化的目标或者约束。这里简要介绍两种常用的风险度量指标。

1. 风险价值（Value-at-Risk，VaR）

VaR 是一种常用的风险度量指标，其最早应用于金融领域，用来描述某一资产组合在给定置信水平下所对应的最大预期损失。对于置信水平为 $1-\alpha$ 的 VaR 有如下关系：

$$P(\Delta w(x,\xi))\leqslant \mathrm{VaR}_\alpha) = 1-\alpha \qquad (1.19)$$

式中，x 表示决策向量；ξ 表示不确定参数向量；$1-\alpha$ 为置信水平；$\Delta w(x,\xi)$ 为损失函数。式（1.19）与 VaR 定义完全对应，表明 VaR 指标为 $1-\alpha$ 置信水平所对应的最大损失。

2. 条件风险价值（Conditional Value-at-Risk，CVaR）

在 VaR 指标基础上，参考文献［12］提出了条件风险价值 CVaR 这一风险度量指标。CVaR 是指损失超过 VaR 的条件均值，也称为平均超额损失或平均短缺，反映了损失超过 VaR 时的平均潜在损失[13]。

仍设 x 表示决策向量，ξ 表示不确定参数向量，损失函数是 $\Delta w(x,\xi)$，那么置信水平 $1-\alpha$ 所对应的 CVaR 可表示为

$$\mathrm{CVaR}_\alpha = E(\Delta w(x,\xi) \geqslant \mathrm{VaR}_\alpha) \tag{1.20}$$

根据定义及表达式不难看出，CVaR 与 VaR 相比较，CVaR 考虑了损失尾部的分布，是一种包含更多信息的风险度量的方法。

1.4 分布鲁棒优化

分布鲁棒优化（Distributionally Robust Optimization，DRO）融合了随机规划与鲁棒优化的特点，并能充分考虑不确定量概率分布的不确定性，因而，被应用于解决不确定运行条件下电力系统的优化调度问题。分布鲁棒优化方法认为不确定量的真实概率分布难以准确获知，并以较大的可能性位于所构建的概率分布不确定集内，由此，以分布集合代替具体分布，来进行优化决策。例如，对于式（1.17）所示的机会约束规划问题，在分布鲁棒优化问题中，可由式（1.21）的形式表达：

$$\begin{cases} \max f(\boldsymbol{x}) \\ \mathrm{s.\,t.} \min_{P(\xi) \in D} P_r\{g_j(\boldsymbol{x},\xi) \leqslant 0, j=1,2,\cdots,p\} \geqslant \alpha \end{cases} \tag{1.21}$$

式中，$f(\boldsymbol{x})$ 是目标函数；$\boldsymbol{x}$ 是决策向量；ξ 是随机向量；$g_j(\boldsymbol{x},\xi)$ 是随机约束函数；$P_r\{\cdot\}$ 表示 $\{\cdot\}$ 中事件成立的概率；α 是事先给定的约束条件成立的置信水平；$P(\xi)$ 表示 ξ 的概率分布；D 为概率分布不确定集。式（1.21）说明，这一机会约束的满足，需要在概率分布不确定集内最劣的概率分布情况下实现。

概率分布不确定集一般依据某些给定的统计条件构建，一般不限定不确定量具体的概率分布形式。当前，概率分布不确定集的构建方法主要分为两类，一类是基于不确定量的矩信息（一阶矩、二阶矩）来构建概率分布不确定集，另一类则是基于与历史数据统计分布之间的各类"距离"来构建概率分布不确定集。概率分布不确定集的构建方式对于优化模型的转化、解的保守性而言是至关重要的，不同的概率分布不确定集构建方式，对应着不同的决策模型及转化与求解方法。

1.4.1 基于随机量矩信息的概率分布不确定集构建方式

在现实中，随机量精确的概率分布往往无法得知，同时，存在着一定数量的历史样本，可以以均值（一阶矩）、方差（二阶矩）等指标反映出随机量所具有的统

计规律。由此，可依据部分重要的统计指标，如一阶矩与二阶矩，构建概率分布不确定集，使其包含所有具有类似统计指标的概率分布函数。这类依据矩信息构建的概率分布不确定集，其主要的构建方法可分为以下两类。

1）不确定量的一阶矩、二阶矩给定，概率分布类型不定。此类概率分布不确定集合可具体表示为

$$D(\boldsymbol{\mu},\boldsymbol{\Sigma}) = \left\{ f(\boldsymbol{w}) \left| \begin{array}{l} \int f(\boldsymbol{w})\mathrm{d}\boldsymbol{w}=1, f(\boldsymbol{w})\geqslant 0 \\ \int \boldsymbol{w}f(\boldsymbol{w})\mathrm{d}\boldsymbol{w}=\boldsymbol{\mu} \\ \int \boldsymbol{w}\boldsymbol{w}^{\mathrm{T}}f(\boldsymbol{w})\mathrm{d}\boldsymbol{w}=\boldsymbol{\Sigma} \end{array} \right. \right\} \tag{1.22}$$

式中，D 为表征随机向量 $\boldsymbol{w}$ 概率分布不确定性的概率分布不确定集；$f(\boldsymbol{w})$ 为随机向量 $\boldsymbol{w}$ 的联合概率密度函数；$\boldsymbol{\mu}$ 和 $\boldsymbol{\Sigma}$ 分别为向量 $\boldsymbol{w}$ 的均值向量和协方差矩阵。

该集合给出了不确定量均值向量与协方差矩阵的积分定义式，并赋予它们确定的值，同时，该集合设定时并不限定不确定量具体的分布形式。此集合的本质含义为**所有均值向量与协方差矩阵满足给定条件的联合概率分布都是概率分布不确定集合内的元素**。

2）不确定量的一阶矩、二阶矩在给定范围内变动，概率分布类型也不固定。此类集合有两种构建方式，第一种可表述为

$$D = \left\{ \begin{array}{l} P(\boldsymbol{w}\in S)=1 \\ \left[E(\boldsymbol{w})-\boldsymbol{\mu}_0\right]^{\mathrm{T}}\boldsymbol{\Sigma}_0^{-1}\left[E(\boldsymbol{w})-\boldsymbol{\mu}_0\right]\leqslant \gamma_1, \gamma_1\geqslant 0 \\ E\left[(\boldsymbol{w}-\boldsymbol{\mu}_0)(\boldsymbol{w}-\boldsymbol{\mu}_0)^{\mathrm{T}}\right]\leqslant \gamma_2\boldsymbol{\Sigma}_0, \gamma_2\geqslant 1 \end{array} \right. \tag{1.23}$$

式中，γ_1 为期望的椭球不确定集半径的限制参数；γ_2 为协方差矩阵的半定锥不确定集范围的限制参数；E 为期望值算子；$\boldsymbol{\mu}_0$、$\boldsymbol{\Sigma}_0$ 分别为不确定量均值向量、协方差矩阵的统计值；S 为随机变量的分布空间。

式（1.23）所构建的概率分布不确定集既没有对随机向量的具体分布形式进行限定，也允许一阶矩、二阶矩在一定范围内变化，因而，是一种更普适的分布集合。此外，其还考虑了各随机量之间的关联性。

另一类不考虑随机量之间关联性的概率分布不确定集可表述为如下形式：

$$D = \left\{ \boldsymbol{w}\in S : \mu_k^l \leqslant E(w_k) \leqslant \mu_k^u, \sigma_k^l \leqslant E(w_k w_k^{\mathrm{T}}) \leqslant \sigma_k^u, \forall k=1,\cdots,n \right\} \tag{1.24}$$

式中，w_k 为 $\boldsymbol{w}$ 的第 k 个元素；μ_k^u、μ_k^l 为均值的上、下限值；σ_k^u、σ_k^l 为与方差指标相关的上、下限值；n 为随机向量 $\boldsymbol{w}$ 的维数。

式（1.24）所构建的概率分布不确定集针对随机向量 $\boldsymbol{w}$ 每一个元素 w_k 的均值及方差分别进行限定，不考虑各个不确定量之间的关联性，因而，该概率分布不确定集合相对于式（1.23）而言，更易于构建与处理。

以矩信息为基础构建的概率分布不确定集只能反映所采用统计指标对应的不确

定量的部分统计信息,如一阶矩与二阶矩,而无法反映历史数据中所蕴含的全部信息。由此,能够较好弥补这一缺陷的基于概率分布之间"距离"的概率分布不确定集构建方式得到了越来越多的重视。

1.4.2 基于概率分布之间"距离"的概率分布不确定集构建方式

依据历史样本信息,可以采用参数或者非参数估计方法,得到"理论"上的概率分布函数。然而,由于样本有限性等原因,估计得到的概率分布函数难免存在误差,尽管如此,在实践中,仍然可以认为真实的概率分布与"理论"上的概率分布之间的"距离"可能并不"太远"。由此,可以以各种"距离"来衡量某概率分布与"理论"概率分布的距离,并以"距离"较近为原则,选取满足给定"距离"需求的概率分布,构成概率分布不确定集,描述不确定量的统计规律。目前,常用的"距离"度量有如下几种:

1)KL 散度(Kullback-Leibler Divergence,KLD):基于 KL 散度构建的概率分布不确定集,通常可表示为

$$D = \left\{ P \in \Phi : D_{KL}(P \| P_1) \leqslant d \right\} \tag{1.25}$$

式中,$D_{KL}(P \| P_1) = \int_{\Omega} P(\boldsymbol{w}) \log \frac{P(\boldsymbol{w})}{P_1(\boldsymbol{w})} \mathrm{d}\boldsymbol{w} = \int_{\Omega} P(\boldsymbol{w}) \log(P(\boldsymbol{w}) - P_1(\boldsymbol{w})) \mathrm{d}\boldsymbol{w}$,为概率密度函数 P 和 P_1 之间的 KL 散度;Ω 为测度空间;Φ 为概率分布空间;d 为散度公差常量,也就是确定概率分布不确定集的 KL 散度阈值。

从(1.25)可以看出,KL 散度越小,两个概率分布之间的相似度越高,"距离"越近。而选定的概率分布不确定集,就是由 KL 散度小于 d 的所有概率分布所构成的。

2)Wasserstein 距离(Wasserstein Distance,WD):基于 Wasserstein 距离构建的概率分布不确定集,一般可以表示为

$$D = \left\{ P \in \Phi : d(P, P_1) \leqslant \varepsilon \right\} \tag{1.26}$$

式中,$d(P, P_1) = \inf \left\{ \int_{S^2} \| w_1 - w_2 \| \Pi(\mathrm{d}w_1, \mathrm{d}w_2) \right\}$,为概率分布 P 和 P_1 之间的 Wasserstein 距离;$\| \cdot \|$ 为在 R^n 上任何给定的范数形式;Π 为随机量 w_1 和 w_2 的联合概率密度函数;P 和 P_1 分别为 w_1 和 w_2 的边缘概率密度函数;S 为随机变量的分布空间;ε 为 Wasserstein 球的半径参数,也就是给定"距离"的阈值。

基于 KL 散度和 Wasserstein 距离均采用已知的经验分布和限定参数来限定概率分布不确定集的范围,其中限定参数对于概率分布不确定集的保守性而言有着至关重要的作用。此外,采用何种距离表达形式,对于模型构建、转化和求解的过程有着重要的影响。

此外,在本书中,我们还提出了一种基于累积概率分布函数置信区间构建的概率分布不确定集。该概率分布不确定集与基于"距离"构建的概率分布不确定集有

相似的优点，即可充分利用历史样本中所蕴含的丰富的统计规律。与此同时，这种方式有着严格的数理基础，是数据驱动的方式，有效样本数越多，集合越小，得到的概率分布估计结果越精确，而且，概率分布不确定集表达形式相对简单，能够与有效安全域方法有机结合，便于决策。在这里仅先简单介绍其机理，详细的构建方法将在 4.3 节进行解释与分析。

4.3 节给出的概率分布不确定集构建方式，是依据非精确概率理论提出的，其将累积概率分布函数在任何点 x_k 的值，等效为随机事件 $x \leqslant x_k$ 发生的概率，即 $F(x_k) = P(x \leqslant x_k)$。而通过非精确概率统计理论，可以找到一定样本数量下，给定置信度下此事件发生的概率区间，即 $[\underline{p}_k, \overline{p}_k]$。由此，形成由累积概率分布函数构成的概率分布不确定集，即

$$D = \{ F(x) \mid P(x \leqslant x_k) \in [\underline{p}_k, \overline{p}_k], \forall k \} \tag{1.27}$$

式中，x 为随机变量；$F(x)$ 为累积概率密度函数；x_k 为累积概率分布上的任意给定值；$P(x \leqslant x_k)$ 为随机变量 $x \leqslant x_k$ 这一事件发生的概率，其置信区间的上、下边界分别为 $\overline{p}_k$、$\underline{p}_k$。

1.5 本章小结

本章从大规模新能源并网消纳的实际需求出发，提出了新能源消纳的有效安全域概念，剖析了有效安全域决策方法与传统安全域决策方法的异同，强调了有效安全域刻画扰动节点有效备用的属性。同时，本章还介绍了与有效安全域评估与优化密切相关的鲁棒优化方法、随机规划方法、分布鲁棒优化方法，为后文内容奠定了必要的理论基础。

Chapter 2
第2章

新能源发电功率
概率预测

2.1 引言

　　根据1.1.2节中新能源消纳的有效安全域的定义，系统安全域中与功率扰动域重叠的部分才是有效安全域，可以发现，功率扰动域的准确量化是保障有效安全域分析方法决策结果有效性的必要前提。一方面，有效安全域分析方法需要获取功率扰动域的边界信息，以便于有针对性地配置系统有限的备用容量，避免将备用配置在功率扰动域之外，而产生无效安全域，造成备用配置效率低、针对性差，影响系统运行的经济性；另一方面，在有效安全域的优化过程中需要扰动域内尽可能多的信息，例如概率分布信息，以便决策出最优的有效安全域，即以最低的成本，平抑所有目标扰动场景，既避免将常见的高风险场景排除在有效安全域之外，影响系统运行的安全性，又避免以极高的经济代价应对极罕见的低风险场景，影响系统运行的经济性。

　　综上，功率扰动域的量化不但需要其边界信息，更需要其内部的概率分布信息，以便后续有效安全域的准确评估与优化决策。而概率预测方法能够充分满足上述需求，在提供不确定量准确边界信息的同时，能够给出不确定量的概率分布信息。准确可靠的功率概率预测为新能源电力系统运行分析与优化调度提供信息支撑，对提高系统综合能效、促进新能源消纳具有重要意义，是新能源电力系统安全、经济和高效运行的重要保障。由此，本章从发展历程、对有效安全域法的意义、基本概念、常见方法等方面，介绍了功率扰动域的量化方法——新能源发电功率概率预测方法。

2.2 新能源发电功率预测历程及意义

2.2.1 新能源发电功率预测系统发展历程

1. 风电功率预测系统发展历程

（1）国外发展历程

根据时间先后顺序和发展的成熟度，可以把国外风电功率预测系统的发展分为以下三个阶段。

1）1990 年之前：起步阶段。20 世纪 70 年代，美国太平洋西北国家实验室（Pacific Northwest National Laboratory）首次提出了风电功率预测的设想并评估了可行性。1990 年，丹麦 Risϕ 国家可再生能源实验室的 Las Landberg 采用类似欧洲风图集的推理方法开发了一套风电功率预测系统，将大气状况中包含的风速、风向、气温等信息通过理论公式与风电机组轮毂高度的风速和风向相联系，进而由风速-功率曲线得到风电场的发电功率，并根据风电场的尾流效应对其进行修正，该套系统初步具有实用的预测价值。

2）1990—2000 年：快速发展阶段。1994 年，丹麦 Risϕ 国家可再生能源实验基于 Las Landberg 研究开发了第一套较为完整的风电功率预测系统 Prediktor。该系统采用丹麦气象研究院的高分辨率区域数值天气预报模式（HIRLAM）获得数值天气预报（Numerical Weather Prediction，NWP）数据，然后结合物理模型实现风电场的输出功率预报，并在丹麦、德国、法国、西班牙、爱尔兰、美国等地的风电场得到广泛应用。

1994 年，丹麦技术大学开发了基于自回归统计方法的风电功率预测系统 WPPT。WPPT 最初采用自适应回归最小平方根估计方法，并结合指数遗忘算法，可给出未来 $0.5\sim36h$ 的预测结果。自 1994 年以来，WPPT 一直在丹麦西部电力系统运行。从 1999 年起，WPPT 开始在丹麦东部电力系统运行。

1998 年，美国的可再生能源公司 AWS Truewind 开发了一套风电功率预报系统 eWind。该系统组合了北美 NAM 模式、美国全球预报系统 GFS 模式、加拿大 GEM 模式和美国快速更新循环 RUC 模式等四种模式的输出结果，同时应用多种统计学模型进行准确预测，包括逐步多元线性回归、人工神经网络（Artificial Neural Network，ANN）、支持向量机、模糊逻辑聚类和主成分分析等。该系统在美国 CAISO、ERCOT、NYISO 等电网广泛应用。

3）2000 年至今：各类技术集中涌现阶段。2001 年，德国太阳能研究所 ISET 开发了风电功率管理系统（WPMS）。该系统使用德国气象服务机构（DWD）的 Lokalmodell 模式进行数值天气预报，以获得的 NWP 数据为输入量，采用人工神经网络计算典型风电场的功率输出，得到输入量与风电场功率输出之间的统计模型，从而利用在线外推模型计算某区域注入到电网的总风电功率。WPMS 的预报误差随着预测时长的增加而增加。对于预报时长为 1~8h 的预测结果，单一风电场功率预测逐小时平均误差为 7%~14%，整个区域风电场总功率的预报误差在平滑效应影响下可降低 6% 左右。从 2001 年起，该系统一直应用于德国四大输电系统运营商，逐渐发展为一套成熟的商用风电功率预测系统。

2001 年西班牙马德里卡洛斯三世大学开发了 sipreólico，该系统采用统计学方法，能提前预测未来 36h 的风电功率，具有较高的预测精准性，在 Madeira Island 和 Crete Island 获得成功应用。

2002 年 10 月，由欧盟委员会（European Commission）资助启动了 ANEMOS 项目，该项目致力于发展适用复杂地形和极端天气条件的内陆和海上风能预报系统，共有 7 个国家 22 个科研机构、大学、工业集团公司等参加了该系统的开发。ANEMOS 基于物理和统计两种模型，实现了较高的预测精度。

2002 年，德国奥登堡大学研发了 Previento 系统，由 Energy & Meteo Systems GmbH 公司进行推广。该系统与 Prediktor 具有相同的原理，主要改进是提高了 NWP 风速和风向的预测精度，其 NWP 模型采用德国 DWD 的 Lokalmodell 模式，预测时长可达 48h。

2003 年，丹麦 Risφ 国家可再生能源实验室与丹麦技术大学联合开发了新一代短期风电功率预测系统 Zephry，该系统融合了 Prediktor 和 WPPT 的优点，可进行超短期预测和日前预测，时间分辨率为 15min。

2003 年 6 月，由西班牙国家可再生能源中心（CENER）与西班牙能源、环境和技术研究中心（CIEMAT）合作研发的 LocalPred-RegioPred 风电功率预测系统在西班牙的多座风电场运行。其中 LocalPred 模型专门用于复杂地形风电场的功率预测，该模型使用 MM5 中尺度气象模式生产 NWP 数据，并采用 CFD 算法建模计算风电场内的风速变化。RegioPred 是一种基于单一风电场 LocalPred 预测模型的区域风电场预测模型，通过使用聚类算法分析并划分不同特点的区域，对参考风电场的预测结果进行扩展得到区域风电场总功率预测结果。

2005 年，爱尔兰科克大学的 Moehrlen 和 Joergensen 研发的 WEPROG MSEPS 风电功率预测系统成功投入商业化运行，该预测系统包括以下两个主要模型：①每 6h 运行一次的数值天气预报系统 WEPROG；②使用在线和历史 SCADA 测量数据的功率预测系统 MSEPS。

2008—2012 年间，ANEMOS 的后续延伸项目 ANEMOS. plus 和 SafeWind 在风电功率预测领域产生了一定程度的影响。ANEMOS. plus 受 DG TREN（Transport and ENergy）资助，侧重于更好地支撑市场交易以及在更短的时间内整合风能，具有很强的示范性。SafeWind 由 DG Research 资助，侧重于极端事件的预测，包括气象、电力、报价等方面的极端情况。

此外，国外还有一些具有代表性的风电功率预测系统，例如阿根廷风能协会研发的 Aeolus 预报系统、英国 Garrad Hassan 公司开发的 GH Forecaster、法国 Ecole des Minesde Paris 公司开发的 AWPPS，它们在实际应用过程中普遍表现出了优良的预测效果，对于未来风电预测技术的发展具有很好的借鉴意义。

（2）我国发展历程

目前我国从事风电功率预测的科研单位较多，如中国电力科学研究院、华中科技大学、华北电力大学、山东大学、清华大学、湖南大学、华南理工大学等。其中中国电力科学研究院从事风电功率预测研究的时间较长，相关技术储备丰富。近几年来这些研究单位研发的风电功率预测系统已经在风电场站和各级调度机构得到了广泛的应用，成为风电接入电力系统后安全、稳定、经济运行的重要保障。

2008 年中国电力科学研究院推出国内第一套商用的风电功率预测系统 WPFS Ver1.0。2009 年 10 月，吉林、江苏风电功率预测系统建设试点工作顺利完成；2009 年 11~12 月，西北电网、宁夏电网、甘肃电网、辽宁电网风电功率预测系统顺利投运；2010 年 4 月，以风电功率预测系统为核心的上海电网新能源接入综合系统投入运行并在世博国家电网企业馆完成展示。该系统目前已经在全国 23 个省级及以上电力调控机构中应用，预测精度国内领先，并达到国外同类产品水平。

2010 年，北京中科伏瑞电气技术有限公司研发了 FR3000F，能满足电网调度中心和风电场对短期功率预测（未来 72h）和超短期功率预测（未来 4h）的需求，采用基于中尺度数值天气预报的物理方法和统计方法相结合的预测方法，支持差分自回归移动平均（ARIMA）模型、混沌时间序列分析、人工神经网络（ANN）等多种算法。

2010 年，华北电力大学依托国家 863 项目（2007AA05Z428）研发了一套具有自主知识产权的风电功率短期预测系统 SWPPS，该系统相继投入到河北承德红松风电场、国电龙源川井风电场和巴音风电场使用，超前 6h 的预测误差可以控制在 10% 以内。

除此之外，国内主要风电功率预测系统还有清华大学研制的风功率综合预测系统、国网电力科学研究院和南京南瑞集团的 NSF3100 风电功率预测系统。清华大学研发的风功率综合预测系统是首个由气象服务部门提供永久性数值天气预报服务的风功率预报系统；NSF3100 风电功率预测系统目前在华北电网公司、东北电网公司等单位业务化运行，并在内蒙古、江苏、浙江、甘肃等省区的风电场投入运行。

2. 光伏发电预测系统发展历程

（1）国外发展历程

国外较早地开展了光伏功率预测研究并实现了工程化运营。2003 年，法国 Meteodyn 公司成立并开始开展风电、光伏等新能源相关研究。由该公司研发的 Meteodyn PV 软件可以对光伏电站输出功率进行预测，预测精度较高。同时，该软件还具有估算太阳能资源，评估光伏发电年产量，优化光伏板位置，促进能源高效高质量生产的功能。在太阳能资源估算方面，该软件能计算所有类型的土地和屋顶，能进行现场适用性分析，能评估任何类型的太阳能电池板和相关设备。在高性能光伏系统设计方面，该软件能对生产和损失做出合理估计，能通过计算面板和障碍物的阴影，分析面板的最佳位置，进而实现多方位光伏配置优化。

丹麦 ENFOR 公司开发的 SOLARFOR 系统是一种基于物理模型和机器学习相结合的自学习自标定软件系统，其将历史输出功率数据、数值天气预报数据、地理信息、日期等要素进行结合，利用自适应的统计模型对光伏发电系统的短期（0～48h）输出功率进行预测。该系统目前已为欧洲、北美、澳大利亚等地区提供了 10 年以上的新能源功率预测与优化服务。

瑞士日内瓦大学开发的 PVSYST 软件是一套光伏系统仿真模拟软件，具有功能多样、实用性强的特点，可以实现光伏电站输出功率预测，也可用于光伏系统工程设计。PVSYST 软件可分析影响光伏发电量的各种因素，并最终计算得出光伏发电系统的发电量，适用于并网系统、离网系统、水泵和直流系统等。

（2）我国发展历程

国内从事光伏发电功率预测系统研究的主要有中国电力科学研究院、国网电力科学研究院、华北电力大学、华中科技大学、山东大学等高校和科研机构。

2010 年，由中国电力科学研究院主导开发的"宁夏电网风光一体化功率预测系统"在宁夏电力调控中心上线运行，同期，包含 6 座场站光伏发电功率预测功能的上海世博会"新能源综合接入系统"上线运行，标志着光伏预测技术研究已具规模。2011 年，由国网电力科学研究院研发的光伏电站功率预测系统在甘肃电力调度中心上线运行，与国内首套系统相比，这套系统更加成熟化、精准化，增加了光伏电站辐照强度、气压、湿度、组件温度、地面风速等气象信息采集功能。2011 年和 2013 年，湖北省气象服务中心先后开发了"光伏发电功率预测预报系统" 1.0 和 2.0 版本，并将其在全国多省市进行了推广运行。2011 年，北京国能日新系统控制技术有限公司开发的"光伏功率预测系统（SPSF-3000）"上线运行。2012 年，国电南瑞科技股份有限公司研发了"NSF3200 光伏功率预测系统"，在青海、宁夏等多个省份的光伏电站投入运行，并实现了较高的市场占有率。2020 年，山东大学电力系统经济运行团队自主研发了"天工"新能源场站功率预测系统，该系统利用团队自主开发的国内高校首套电力专业数值气象预报平台提供的气象预报数据，建立自适应追踪环境变化的高性能新能源功率预测模型，可实现超短期光伏功率预测（未来 15min～4h）、短期光伏功率预测（次日 0 时起至未来 10 天），系统已在山东省东营市王集唐正 400MW 渔光互补电站、潍坊市中机恒辉 200MW 光伏电站、济南市华电鱼台 200MW 水上光伏电站等十余个场站实际运行，取得了优异的预测效果。

2.2.2　新能源发电功率概率预测对有效安全域法的意义

新能源发电功率概率预测对有效安全域法的意义体现在以下两个方面。

1. 概率预测结果可为有效安全域法提供不确定量的边界信息

根据有效安全域的定义，其为系统安全域与功率扰动域的重叠部分，因此，准确的不确定量扰动域是有效安全域分析方法的重要前提。新能源发电功率概率预测能够提高风电/光伏出力的可预见性，准确刻画新能源发电功率扰动的具体范围。根据上述功率扰动范围，有效安全域分析方法合理安排电力系统日前、日内发电计划，预留合理的备用容量，避免扰动域外的备用容量配置，从而在保证安全性的同时，有效提升电力系统运行的经济性。

2. 概率预测结果可为有效安全域法提供不确定量的概率分布信息

在有效安全域分析方法中，有效安全域的优化是其关注的焦点，即如何选择不确定量的扰动可接纳范围成为关键问题。而新能源发电功率概率预测可提供风电/光伏功率预测的概率分布信息，即不确定量功率扰动域内的概率分布信息，为扰动域内有效安全域的选择提供了丰富的数据基础，从而在有效安全域的优化过程中，科学配置备用容量，形成合理的节点有效安全域。这样既避免将常见的高风险场景排除在有效安全域之外，威胁系统运行的安全性，又避免将极罕见的低风险或中高风险场景纳入有效安全域，影响系统运行的经济性。

2.3 概率预测的基本概念

2.3.1 概率预测的定义

概率预测的功率预测结果形式是一个概率分布或者一定置信度下的区间，受数值天气预报误差、量测数据质量、预测模型缺陷等因素影响，新能源发电功率的预测误差难以被完全消除，即单值预测不可避免地会产生预测误差。概率预测是对预测不确定性进行条件化建模，给出在一定条件下的预测对象的概率分布信息，实现对预测误差不确定性的有效量化。概率预测技术需保证可靠性，同时尽可能缩小预测所得条件概率分布与实际分布偏差。

确定性预测通常以数学期望、中位数等单点值作为输出，提供的预测信息较为有限；而概率预测则以分位数估计、预测区间估计、概率密度估计为输出，提供的是待预测对象较为完整的概率统计信息。与确定性预测相比，概率预测能够提供更多的信息，从而能更好地服务于新能源电力系统，为电力系统供需平衡和安全稳定运行提供关键数据支撑。

2.3.2 概率预测时间尺度

1. 超短期预测

根据国家标准 GB/T 40607—2021《调度侧风电或光伏功率预测系统技术要求》，超短期预测是指预测风电场或光伏电站未来 15min～4h 的输出功率，时间分辨率为 15min，要求每 15min 滚动上报预测数据。超短期预测主要用于旋转备用优化配置和电力系统实时调度，在电力市场环境下也为发电企业的市场行为决策提供参考依据。超短期预测技术主要关注功率和气象的复杂相依性以及功率序列的时序自相关性，用到的模型主要有自回归移动平均模型、支持向量机和人工神经网络等。超短期预测可保证电力系统实时运行的安全经济可靠，主要应用于新能源发电机组控制、自动发电控制、备用等辅助服务管理，实时经济调度，实时安全分析，阻塞管理，实时与日内电力市场，新能源与储能协同调控等典型场景。

2. 短期预测

国家标准 GB/T 40607—2021 对短期预测也有相关技术要求，标准规定短期预测是指预测风电场或光伏电站次日零时起到未来 72h 的有功功率，时间分辨率同为 15min，要求每日至少上报两次。短期预测主要用于机组组合确定、日前发电计划制定以及冷热备用优化配置，电力市场环境下短期功率预测也被用于市场竞价或备用采购。数值天气预报是短期预测重点考虑的影响因素，常用的短期预测模型有支持向量机、极端梯度提升树、深度学习等。短期预测主要应用于机组组合优化、经济调度、备用优化、日前电力市场交易、电力需求响应等典型场景。

3. 中期预测

国家标准 GB/T 40607—2021 规定中期预测是指预测风电场或光伏电站次日零时起到未来 240h（10 天）的有功功率，时间分辨率是 15min，要求每日至少上报两次。中期预测将短期预测的时长从未来 3 天延伸至未来 10 天，可以用于场站侧合理安排检修计划，能够有效支撑调度侧更长尺度调度计划的制定。目前中期预测的针对性研究还较少，随着预测时长的延长，数值天气预报的精准性和可用性逐渐降低，成为限制中期预测精度的主要原因。中期预测主要应用于新能源资源评估，电力市场中期交易等典型场景。

4. 长期预测

长期预测前瞻时长进一步延伸，国家标准 GB/T 40607—2021 规定长期预测是预测风电场或光伏电站未来 12 个月的逐月电量以及总电量。在数值气象上，长期预测需要中长期气候预测提供基础数据支撑，此外季节波动特性也是长期预测考虑的因素之一。长期预测主要应用于新能源资源评估，电力市场长期交易，新能源电站规划选址，月度、年度发电计划制定，新能源电力系统网架规划设计等典型场景。

2.3.3　概率预测空间尺度

1. 单机预测

单机预测是空间尺度最小的功率预测，其以单个发电单元，如风力机、光伏组件为研究对象进行功率预测，通常采用物理建模或统计分析的方法进行预测，预测结果常用于内部频率或电压控制以及设备健康监测与评估。对于风电场内部风力机来说，在预测时需要考虑尾流效应对风力机输出功率的影响。

2. 场站级预测

场站级预测是针对单个新能源发电场站如单个风电场或光伏电站进行整体出力的预测。对于运行数据积累充足的风光场站来说，通常采用统计方法进行预测。对于风电场，整体功率建模可以忽略风力机分布导致的尾流效应等问题，相比单机预测难度有所降低，精度也有一定程度的提升。并网风光场站需配置一套功率预测系统，按要求定时向调度机构上报不同时间尺度的功率预测结果并接受调度机构的精度考核。

3. 集群级预测

集群级预测是对更大空间范围内多个新能源发电场站组成的发电集群进行整体出力的预测。由于天气系统具有时空连续性，邻近场站的输出功率之间存在强烈的时空相关性，成为提升集群级功率预测精度的重要因素。因此相比场站级功率预测，集群级功率预测可利用的信息量更多，同时也带来了数据冗余现象突出的问题。事实上对于电力调度机构，一片区域总的新能源发电功率情况更值得受关注，目前常用的集群级功率预测方法主要有累加法、空间资源匹配法、统计升尺度法等。

2.3.4 概率预测表现形式

概率预测的输出结果具有不同的表现形式，主要包括概率密度预测、分位数预测和区间预测。

1. 概率密度预测

概率密度预测是得到预测对象未来的概率密度，通常以概率密度函数及累积分布函数的形式体现。概率密度预测通常假定预测对象符合现有的参数分布，局限性强；有学者利用分段均匀分布的 MOrdReD 方法实现半参数化预测，或利用核密度估计、经验累积分布实现非参数化的概率密度预测，但如何利用有限样本数据实现对概率密度的全面描述仍有待研究。在概率预测的 3 种形式中，概率密度预测能够全面反映预测对象未来的概率分布，比其他 2 种形式（仅提供离散信息）提供了更多的信息（完整的分布），因而也为决策者提供了较大的灵活性。

2. 分位数预测

分位数预测常用分位数回归实现，分位数回归（Quantile Regression，QR）模型是 Koenker 和 Bassett 在研究最小二乘法时首次提出的。分位数回归模型具有以下优点：

1）能够更加全面地描述待预测变量条件分布的全貌，包括条件期望（均值）、中位数、分位数等；

2）与最小二乘法相比在离群值上表现得更加稳健；

3）对误差项要求并不严格，对于非正态分布估计表现得更加稳健。分位数预测灵活性强，决策者可根据需要选取特定的分位数得到概率预测结果。

3. 区间预测

区间预测是在给定的置信水平下，输出目标时刻的预测对象未来可能处在的预测区间。现有文献中，区间预测结果大多以构建中心预测区间为主，经典的综合性能分数指标也多针对中心预测区间建立。预测区间的构造并不一定需要限制于中心预测区间。为了追求更高的性能（通常是在保证可靠性前提下追求更高的锐度指标），预测区间上下界分位数的选取并不一定关于中位数对称。区间预测结果表现更为直观，便于决策者直接使用，被广泛应用于鲁棒优化与区间优化中。

2.3.5 概率预测评价体系

概率预测结果评价中涉及的属性包括可靠性和敏锐性。可靠性即预测变量的预测分布和观测分布在统计上的一致性，反映模型预测结果匹配观测值的能力；敏锐性仅取决于预测结果，反映预测分布的集中度，分布越集中，包含的有效信息就越丰富。目前概率预测研究中应用率较高的评价指标按照其所评价的模型属性可形成以下分类。

1. 单独评价可靠性的指标

（1）预测区间覆盖率

若预测模型于置信度 $1-\alpha$ 下获得的概率预测区间表示为 $\left[L_t^\alpha, U_t^\alpha\right]$，假设共有 N 个测试样本，则模型预测结果的区间覆盖率（Prediction Interval Coverage Probability，PICP）可表示为

$$\mathrm{PICP} = \frac{1}{N}\sum_{t=1}^{N}1\left(y_t^* \in \left[L_t^\alpha, U_t^\alpha\right]\right) \tag{2.1}$$

式中，$1\left(y_t^* \in \left[L_t^\alpha, U_t^\alpha\right]\right)$ 为示性函数，当 $y_t^* \in \left[L_t^\alpha, U_t^\alpha\right]$ 时取值 1，否则取值 0。

（2）平均覆盖率误差

根据置信度的统计学意义，区间覆盖率应等于或接近事先给定的置信度 $1-\alpha$。因此，预测模型的可靠性可由区间覆盖率与事先给定的置信度 $1-\alpha$ 之间的差值，也即平均覆盖率误差（Average Coverage Error，ACE）来反映，如下式所示。

$$\mathrm{ACE} = \mathrm{PICP} - (1-\alpha) \tag{2.2}$$

ACE 的绝对值越小意味着概率预测的结果越可靠，理想情况下 ACE 值应为 0。

2. 单独评价敏锐性的指标

模型的敏锐性可由预测区间带宽（Prediction Interval Normalized Averaged Width，PINAW）指标来评价，带宽越小表明预测结果敏锐性更强，在部分文献里也称预测区间带宽为中心概率区间（Center Probability Interval，CPI），具体定义为如式（2.3）所示：

$$\mathrm{PINAW} = \mathrm{CPI} = \frac{1}{N}\sum_{t=1}^{N}\left(U_t^\alpha - L_t^\alpha\right) \tag{2.3}$$

3. 综合评价可靠性与敏锐性的指标

技能得分类指标可综合评价预测模型的可靠性与敏锐性，评估概率预测的整体

性能，认可度较高的技能得分类指标包含以下几种。

（1）连续排名概率得分

连续排名概率得分（Continuous Ranked Probability Score，CRPS）主要适用于评价输出结果形式为概率密度函数或累积概率分布函数的概率预测结果，在风电功率概率预测、低压负荷概率预测等领域得到广泛应用。CRPS 越小表明模型的预测性能越好，其计算方式为

$$\mathrm{CRPS}(t) = \int_0^1 \left(F_t(y) - 1\left(y_t^* \leqslant y\right) \right)^2 \mathrm{d}y \tag{2.4}$$

式中，$F_t(y)$ 表示 t 时刻预测的累积分布函数；y_t^* 是 t 时刻的实际观测值，当 $y_t^* \leqslant y$ 时，示性函数 $1(y_t^* \leqslant y)$ 取值为 1，反之取值为 0。

（2）覆盖宽度准则

对于输出为置信区间形式的预测结果，覆盖宽度准则（Coverage Width Criterion，CWC）综合了 PICP 与 PINAW 两指标，可同时评价模型的可靠性与敏锐性，CWC 越小预测性能越好。

$$\mathrm{CWC} = \mathrm{PINAW} \left\{ 1 + 1\left[\mathrm{PICP} < (1-\alpha) \right] e^{-\eta(\mathrm{PICP}-(1-\alpha))} \right\} \eta \tag{2.5}$$

式中，$1-\alpha$ 为给定的置信度；η 为设定的惩罚因子，当 $\mathrm{PICP} < 1-\alpha$ 时，η 用来放大二者之间的差值，当 $\mathrm{PICP} \geqslant 1-\alpha$ 时，CWC 等同于 PINAW；当 $\mathrm{PICP} < 1-\alpha$ 时，指数部分为正，CWC 同时与 PINAW 和 PICP 相关。

（3）pinball 损失函数

当概率预测结果为分位数形式时，可通过 pinball 损失函数来评价。pinball 损失函数对距离指定分位数较远的观测值做出惩罚，得分越小表明预测性能越出色。设 $y_{t,q}$ 代表预测的 q 分位数，y_t^* 为实际观测值，pinball 损失函数计算公式为

$$\mathrm{pinball}(y_{t,q}, y_t^*, q) = \begin{cases} (1-q)(y_{t,q} - y_t^*), & y_t^* < y_{t,q} \\ q(y_t^* - y_{t,q}), & y_t^* \geqslant y_{t,q} \end{cases} \tag{2.6}$$

（4）Winkler 得分

Winkler 得分指标惩罚落在预测区间之外的观测值，并对狭窄的预测区间给予奖励，也可实现对概率区间预测结果的综合评价，综合评估了可靠性与敏锐性。Winkler 得分越小表明预测性能越优异，$1-\alpha$ 置信度下的区间预测结果 Winkler 得分计算方法如式（2.7）所示：

$$\mathrm{Winkler}(\alpha, y_t^*) = \begin{cases} \delta, & L_t^\alpha \leqslant y_t^* \leqslant U_t^\alpha \\ \delta + 2(L_t^\alpha - y_t^*)/\alpha, & y_t^* < L_t^\alpha \\ \delta + 2(y_t^* - U_t^\alpha)/\alpha, & y_t^* > U_t^\alpha \end{cases} \tag{2.7}$$

式中，U_t^α 与 L_t^α 分别为置信区间上下界；y_t^* 为预测变量的观测值。

虽然技能得分类指标可以同时反映概率预测模型的可靠性和敏锐性，但其缺陷在于无法将预测模型的这两类属性有效剥离，分别清晰反映。因此，在由技能得分

类指标综合评价模型的预测性能后，若还需洞察模型对真实值的覆盖能力或量化预测结果的不确定性，则仍需借助前两类指标单独评价模型的可靠性或敏锐性。

4. 其他指标

（1）预测分布失真率

预测分布失真率（MDE）展示了概率分布的失真情况，失真率越小，概率预测精度越高。预测分布失真率可表示为

$$\text{MDE} = \frac{1}{2N} \sum_{i=1}^{I} |N_{r,i} - N_{f,i}| \tag{2.8}$$

式中，N 为评价样本个数；I 为区间划分总数；$N_{r,i}$ 为真实值落入区间 i 的次数；$N_{f,i}$ 为按预测分布应落入区间 i 的次数。

（2）边缘标度指标

边缘标度指标用来评价经验累积分布函数与预测累积分布函数的等价性，其值越靠近零说明分布函数预测结果越接近真实的分布函数。经验累积分布函数 $\overline{G}_{k,N}(p)$ 可以用平均指示函数表示：

$$\overline{G}_{k,N}(p) = \frac{1}{N} \sum_{n=1}^{N} 1\{p_{k,n} \leqslant p\} \tag{2.9}$$

式中，下标 k 表示进行前瞻 k 小时预测测试；N 为总预测实验次数；$p_{k,n}$ 代表第 n 次实验的风电功率测量值；p 代表风电功率随机变量；$1\{p_{k,n} \leqslant p\}$ 为示性函数，$p_{k,n} \leqslant p$ 条件成立时，函数值取 1，否则取 0。

而预测的累积分布函数可以用整个验证集的平均预测累积分布函数 $\overline{F}_{k,N}(p)$ 表示：

$$\overline{F}_{k,N}(p) = \frac{1}{N} \sum_{n=1}^{N} F_{k,n}(p) \tag{2.10}$$

式中，$\overline{F}_{k,N}(p)$ 为前瞻时段 k 的平均预测累积分布函数；$F_{k,n}(p)$ 为第 n 次前瞻 k 时段预测得到的风电功率累积分布函数。

则边缘标度指标可以表示为

$$\text{F. fcast-F. obs}(p) = \overline{F}_{k,N}(p) - \overline{G}_{k,N}(p) \tag{2.11}$$

5. 评价步骤

（1）先检验可靠性，再测评敏锐性指标

Pinson 等指出，可靠性是概率预测模型应具备的必要属性，需在模型性能评价的第一阶段进行检验，而敏锐性又反映了预测模型的内在品质。因此，最优概率预测模型甄选的第一种评价机制可表述为：在所有满足可靠性要求的预测模型中，挑选敏锐性评价指标得分最优的模型。

（2）先检验可靠性，再测评技能得分类指标

概率预测模型的可靠性与敏锐性可直接通过技能得分类指标来综合评价。然而

即使概率预测模型在技能得分类指标上展现出优越的预测性能，也无法保证该模型必然满足可靠性方面的要求。因此，在应用技能得分类指标来评价模型概率预测性能的第一阶段，仍然应将检验模型的可靠性作为一项基础性测评。最优概率预测模型甄选的第二种评价机制可表述为：在所有满足可靠性要求的预测模型中，挑选技能得分类评价指标得分最优的模型。

2.4 概率预测的方法

2.4.1 物理方法

物理模型是依据数值天气预报，采用物理计算或模型仿真，将数值天气预报应用到新能源发电单元的功率转换曲线得到预测功率的方法。物理预测模型的优点是不需要历史运行数据的支持，适用于新建风光场站，同时可以对涉及的各物理过程进行分析，并根据分析结果优化预测模型。缺点是对所获取的物理信息的可靠性要求较高，使得其对初始信息带来的系统误差非常敏感，模型参数过于理想化，物理原理复杂且技术门槛较高。对于风电功率预测，物理预测方法首先引入数值天气预报数据，经过理论公式处理后得到风力机轮毂高度处的风速风向，然后利用风速-功率转化曲线得到风力机的输出功率预测值，最后考虑风电场的尾流效应累加得到风电场整体的功率预测值。对于光伏功率预测，物理预测方法首先利用数值天气预报提供的辐照度预报数据，经过预处理后结合光伏电站的地理位置及光伏电池板倾角等信息，采用太阳位置模型得到光伏电池板接收的有效辐照强度，然后通过构建光伏转换效率物理模型，将光伏电池的有效辐照强度转化为输出功率，进而累加获得整个光伏电站的输出功率预测结果。

2.4.2 统计方法

统计模型不考虑新能源发电的物理过程，其直接从数据出发，通过一种或多种算法建立数值天气预报、历史功率数据与待预测时段功率数据之间的映射模型。风光新能源发电预测中常用的统计方法主要有自回归（Autoregressive，AR）模型、移动平均（Moving Average，MA）模型、自回归移动平均（Auto-Regressive Moving Average，ARMA）模型、差分自回归移动平均（Auto-Regressive Integrated Moving Average，ARIMA）模型等。此外，近些年涌现的机器学习、深度学习等人工智能模型本质也属于统计模型范畴，为了区分，后续的统计模型特指基础的统计方法。基于统计模型的概率预测可通过预测误差统计特征分析等方式实现，其优点是直接从数据出发，简洁方便，不需要考虑复杂的物理原理即可直接得到新能源发电功率的预测结果，简单易实现、可解释性强。但是，统计模型对历史统计数据量的要求较大，对数据质量要求较高。对于历史统计数据不够丰富的场景如新建成的新能源发电站、历史数据存在大范围缺失的预测场景往往难以应用。同时，统计模型中往往有对数据平稳性的要求，这也成为限制统计学方法应用的一大因素。

2.4.3　人工智能方法

人工智能方法属于统计方法，但相较于传统的统计方法更为先进。与传统统计方法的不同之处在于，传统统计方法使用解析方程来描述输入和输出之间的关系，而人工智能方法则是以历史数据、数值天气预报数据或局部时序外推的结果数据作为输入信息，凭借其在复杂非线性映射中良好的学习性能，建立输出量和多变量之间的非线性映射关系。众多学者在如何应用人工智能技术提升预测性能方面展开了多项研究[14-18]。其中，人工神经网络（ANN）是人工智能的典型代表和研究热点。神经网络的类型有多种，传统的有反向传播神经网络、径向基函数神经网络、极限学习机等。随着深度学习的发展，多层深度神经网络也在电力系统预测领域有了广泛应用，例如深度信念网络、长短期记忆网络和卷积神经网络等。神经网络在概率预测的实现主要通过两种方式，一种是先进行确定性预测，通过预测误差统计特性分析，得到概率预测结果。另一种为利用损失函数直接预测得到概率预测结果。人工智能方法需要大量的历史观测数据来建立模型，但其具有模型修改方便、精确度高的特点。人工智能方法同时适用于超短期、短期和中长期预测，进行超短期风功率预测时只需使用历史数据，短期和中长期预测时要使用历史数据和数值天气预报数据。

2.4.4　组合方法

在实际的应用中，不同原理的预测模型通常展现出不同的优势，同时也不可避免地存在相应的缺陷，即不存在一种预测模型能在各种应用场景下都优于其他预测模型[19,20]。在此背景下，有研究人员研究了基于多种预测模型的组合方法，通过选取多个子模型，采取合理的策略对子模型的预测结果进行加权组合，以充分融合各子模型的优势，能够有效地提高预测结果的鲁棒性与精准性。但是，如何根据预测场景选择恰当的单一方法以及单一方法的组合方式是应用组合方法时需要考虑的问题，不合理的组合方法可能降低预测模型本该具备的预测性能。

2.5　本章小结

本章根据有效安全域的定义，引出了有效安全域分析法中扰动域的量化方法——新能源发电功率概率预测方法，介绍了风光新能源发电功率概率预测的相关背景，总结了国内外风电、光伏功率预测系统发展历程，阐述了新能源发电功率概率预测对有效安全域法的重要意义，然后从定义、时间尺度、空间尺度、表现形式、评价体系五方面阐述了新能源发电功率概率预测的基本概念，最后简要介绍了物理方法、统计方法、人工智能方法、组合方法这四类概率预测方法。

Chapter 3
第3章

新能源消纳的最大 ◀◀◀◀
有效安全域评估

3.1 引言

当前，全球正在承受着化石能源枯竭与环境恶化带来的重重压力，贯彻国家能源安全新战略，构建清洁低碳、安全高效的现代化能源体系已成为普遍共识和我国能源系统发展的必然趋势。电能作为当今社会不可或缺的主要能源利用形式，其生产使用格局已经发生了根本性的变革，突出表现为清洁新能源发电并网规模的不断扩大。风力发电、光伏发电等新型能源发电形式，具有清洁、可再生的优点，对其进一步的开发和利用被视为实现社会可持续发展、创建生态文明的必然趋势。与此同时，新能源发电形式大多易受气候、环境等因素的影响，具有明显的随机性和间歇性，此类电源大规模地接入电网必然会增加电力系统运行中的波动性与不确定性，给电力系统的安全运行带来隐患[33]。

在此背景下，如何充分利用新能源发电功率预测信息，准确评估电力系统的扰动应对能力，促进新能源消纳，成为当前大规模新能源并网消纳领域研究的热点问题[34,35]。随机规划、概率分布不确定性优化以及鲁棒优化等多种不确定决策方法在新能源并网消纳问题中均得到应用。其中，随机规划依据不确定注入量的概率分布信息，通过对各随机场景的统筹考虑，给出具有概率优性的决策结果[36,37]。然而，概率信息准确获取的困难以及计算的复杂性限制了随机规划方法的应用。概率分布不确定性优化方法采用隶属度函数表示决策者对不确定注入量及其导致后果的态度，通过最大化隶属值，获得满意的决策结果[38,39]。然而，由于决策结果受隶属度函数影响显著，概率分布不确定决策结果的主观性较强。鲁棒优化决策定义为在对未来优化目标时段电力系统运行信息掌握不完全的情况下，对不确定性因素具有一定免疫能力，能够在一定扰动范围内保证电力系统安全、稳定运行，并尽量实现预定目标的决策方式[35]。鲁棒优化不同于以上两种优化方法，在不确定量扰动区间确定的情况下，其决策既不需要获知不确定量的概率分布特征，也不需要设定不确定量的隶属度函数，而是仅根据扰动边界，通过寻找并满足决策中的最"劣"场景，即可得到保证决策鲁棒性的优化调度结果[40,41]。同时，与随机规划相比，鲁棒优化还具有决策模型求解复杂度较低的特点，适合应用于对计算效率要求较高的情况。

由此，本章基于鲁棒优化方法，提出一种新能源消纳的最大有效安全域评估方法。方法基于优先目标规划（Preemptive Goal Programming，PGP）[45]与有效安全域分析的方法构建，是以自动发电控制（AGC）机组运行基点与参与因子为决策变量的多目标新能源并网消纳优化方法。模型具有两层目标，其中，第一层以系统新能源并网消纳能力最大化为目标，该目标等效为系统运行安全域与节点新能源发电功率扰动域重合范围（即新能源消纳的有效安全域）最大化；第二层则以系统发电成本与备用成本最小化为目标。模型两层目标具有明确的等级顺序，可实现新能源消纳有效安全域最大化条件下的经济性最优，准确评估电网的最大新能源消纳能力，即新能源消纳的最大有效安全域。

3.2　优化模型

根据 1.1.2 节中新能源消纳有效安全域的定义，建立如下最大有效安全域的评估模型及相应的求解方法。模型中，以风电不确定性为例进行说明。

3.2.1　目标函数

如前文所述，面对系统中节点新能源发电功率的扰动，实时新能源并网消纳决策可最大化新能源消纳的有效安全域，以充分利用 AGC 机组的调频价值。由此，构建第一层优化目标如式（3.1）所示。为避免采用超多面体的体积式而导致的非线性问题，同时，由于各个节点新能源发电功率扰动接纳范围与系统新能源消纳能力直接相关，故要求各个考察节点可接纳的新能源发电功率扰动区间的长度之和 Z 最大，而非采用新能源消纳的有效安全域的体积最大化[46]。由此，优化问题的目标函数可表示为

$$\max Z = \sum_{i=1}^{N_d} \left[\min(\Delta \hat{d}_i^{\max}, \Delta \hat{d}_{i,s}^{\max}) + \min(\Delta \check{d}_i^{\max}, \Delta \check{d}_{i,s}^{\max}) \right] \tag{3.1}$$

式中，$\Delta \hat{d}_{i,s}^{\max}$、$\Delta \check{d}_{i,s}^{\max}$ 分别为第 i 个节点新能源发电功率的上、下扰动范围，其值在优化过程中为常量，利用第 2 章的概率预测方法获取[29-31]；$\Delta \hat{d}_i^{\max}$、$\Delta \check{d}_i^{\max}$ 为第 i 个节点上安全域允许扰动的上、下范围，为非负决策变量，受 AGC 机组运行基点与参与因子影响；N_d 为考察节点数。

图 3.1 给出了两维空间中式（3.1）变量的示意图。图中，d_1、d_2 分别为 2 个

新能源接入节点上预测得到的新能源发电期望功率。

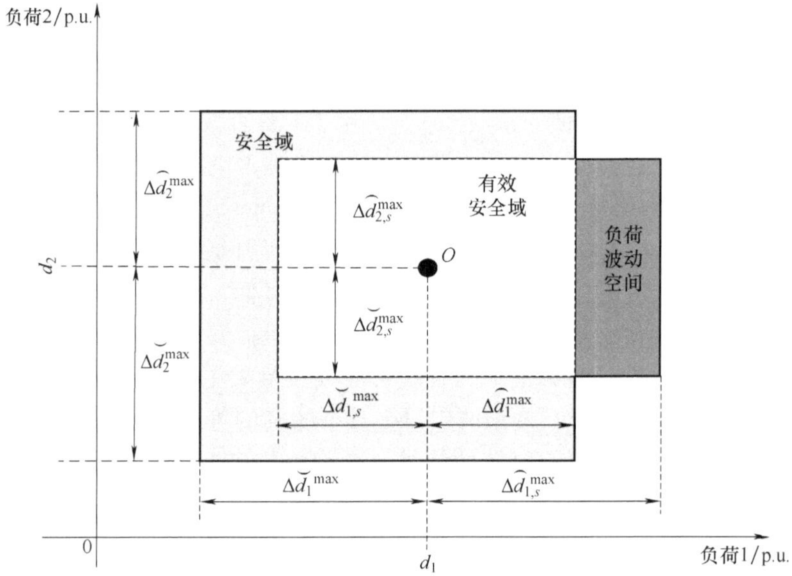

图 3.1　变量两维空间示意图

与此同时，对于给定系统，在新能源消纳的有效安全域边长和相同时，可能对应着若干不同的 AGC 机组运行基点和参与因子的设定方式（显然的例子即是新能源发电功率扰动域退化为图 3.1 中 O 点时的情况，此时，各个节点的新能源发电功率变为确定的，AGC 机组的任何设定方式对应的 Z 恒为 0）。因而，引入第二层目标，将发电成本及备用成本最小化作为 AGC 机组运行基点与参与因子设定的另一依据。第二层优化目标函数如下：

$$\min \sum_{i=1}^{N_a} (c_i p_i + \widehat{c}_i \Delta\widehat{p}_i^{max} + \breve{c}_i \Delta\breve{p}_i^{max}) \tag{3.2}$$

式中，N_a表示 AGC 机组数目；c_i表示 AGC 机组 i 的发电成本参数；p_i表示第 i 台 AGC 机组的运行基点；$\widehat{c}_i$、$\breve{c}_i$分别为 AGC 机组提供上调备用和下调备用的成本参数；$\Delta\widehat{p}_i^{max}$、$\Delta\breve{p}_i^{max}$分别表示 AGC 机组所需提供的最大上调量与最大下调量，即 AGC 机组的上调、下调备用量。

3.2.2　约束条件

上述决策目标的寻优过程中需要满足如下约束条件。

1. 运行基点功率平衡约束

$$\sum_{i=1}^{N_a} p_i + \sum_{j=1}^{N_d} d_j = D \tag{3.3}$$

式中，d_j 为第 j 个新能源接入节点上新能源发电功率的期望值；D 为负荷量，实时新能源并网消纳决策时为确定值。

2. 参与因子之和约束

实时新能源并网消纳决策后，不平衡功率将按参与因子在各 AGC 机组间分配，由于机组调整的功率量需与新能源发电功率不平衡量相匹配，因而，参与因子之和需为 $1^{[47]}$，即

$$\sum_{i=1}^{N_a} \alpha_i = 1 \tag{3.4}$$

式中，α_i 为第 i 台 AGC 机组的参与因子。

3. AGC 机组为形成新能源消纳有效安全域所需提供的最大调整量约束

AGC 机组所需提供的最大调整量由新能源发电功率扰动域在各个新能源接入节点上能够消纳的上、下扰动范围和参与因子共同决定。第 i 台机组所需提供的向上、向下两个方向的最大调整量可分别表示为

$$\Delta \hat{p}_i^{\max} = \alpha_i \sum_{j=1}^{N_d} \Delta \hat{d}_j^{\max}, \quad i = 1, 2, \cdots, N_a \tag{3.5}$$

$$\Delta \check{p}_i^{\max} = \alpha_i \sum_{j=1}^{N_d} \Delta \check{d}_j^{\max}, \quad i = 1, 2, \cdots, N_a \tag{3.6}$$

4. AGC 机组最大向上、向下调整能力约束

受发电机组自身特性的限制，每台 AGC 机组所能提供的调节能力是有限的，这一约束可表述为

$$0 \leqslant \Delta \hat{p}_i^{\max} \leqslant \Delta \overleftarrow{p}_i^{\max}, \quad i = 1, 2, \cdots, N_a \tag{3.7}$$

$$0 \leqslant \Delta \check{p}_i^{\max} \leqslant \Delta \overrightarrow{p}_i^{\max}, \quad i = 1, 2, \cdots, N_a \tag{3.8}$$

式中，$\Delta \overleftarrow{p}_i^{\max}$、$\Delta \overrightarrow{p}_i^{\max}$ 分别表示 AGC 机组所能提供的最大向上、向下调整量。

5. AGC 机组输出功率范围约束

$$p_i - \Delta \check{p}_i^{\max} \geqslant p_i^{\min}, \quad i = 1, 2, \cdots, N_a \tag{3.9}$$

$$p_i + \Delta \hat{p}_i^{\max} \leqslant p_i^{\max}, \quad i = 1, 2, \cdots, N_a \tag{3.10}$$

式中，$p_i^{\max}$、$p_i^{\min}$ 分别为 AGC 机组的最大、最小技术出力值。

6. 机组运行基点变化速率约束

$$-r_{d,i} \leqslant p_i - p_i^0 \leqslant r_{u,i}, \quad i = 1, 2, \cdots, N_a \tag{3.11}$$

式中，p_i^0 为 AGC 机组输出功率的初值；$r_{d,i}$、$r_{u,i}$ 分别表示 AGC 机组运行基点在调度时间间隔内的上调、下调最大限值。

7. 支路潮流约束（正向）

当节点新能源发电功率在新能源消纳有效安全域内变化时，要保证支路传输功率不超过允许的安全范围，此处采用基于直流潮流的转移分布因子$^{[48]}$来形成这一约束，其中，支路的正向潮流约束可表述为

$$\sum_{i=1}^{N_a} M_{il}(p_i+\Delta\tilde{p}_i) + \sum_{j=1}^{N_d} M_{jl}(d_j+\Delta\tilde{d}_j) \leqslant T_l^{\max}, l=1,2,\cdots,L \tag{3.12}$$

式中，M_{il}、M_{jl}分别为 AGC 机组 i、新能源发电功率 j 对支路 l 的功率转移分布因子；L 为考察支路总数；$T_l^{\max}$ 为支路传输功率上限，其值已经扣除非 AGC 机组所占用的传输容量；$\Delta\tilde{d}_j$ 为节点 j 新能源发电功率扰动量，为不确定量，允许在新能源消纳的有效安全域内取值，见后文约束式（3.15）；$\Delta\tilde{p}_i$ 为与新能源发电功率扰动对应的 AGC 机的输出功率调整量，其与新能源发电功率扰动量的对应关系为 $\Delta\tilde{p}_i = \alpha_i \sum_{j=1}^{N_d} \Delta\tilde{d}_j$。

将 $\Delta\tilde{p}_i$ 与 $\Delta\tilde{d}_j$ 对应关系代入式（3.12），可得

$$\sum_{j=1}^{N_d} \left(M_{jl} + \sum_{i=1}^{N_a} M_{il}\alpha_i \right) \Delta\tilde{d}_j \leqslant T_l^{\max} - \sum_{i=1}^{N_a} M_{il}p_i - \sum_{j=1}^{N_d} M_{jl}d_j, \quad l=1,2,\cdots,L \tag{3.13}$$

8. 支路潮流约束（反向）

与约束式（3.13）同理，支路反向潮流约束可表示为

$$\sum_{j=1}^{N_d} \left(M_{jl} + \sum_{i=1}^{N_a} M_{il}\alpha_i \right) \Delta\tilde{d}_j \geqslant -T_l^{\max} - \sum_{i=1}^{N_a} M_{il}p_i - \sum_{j=1}^{N_d} M_{jl}d_j, \quad l=1,2,\cdots,L \tag{3.14}$$

9. 新能源发电功率扰动范围约束

约束式（3.13）、式（3.14）中的新能源发电功率允许扰动范围为

$$\begin{cases} \Delta\tilde{d}_j \leqslant \Delta\hat{d}_j^{\max} \\ \Delta\tilde{d}_j \geqslant -\Delta\check{d}_j^{\max} \end{cases}, \quad j=1,2,\cdots,N_d \tag{3.15}$$

式（3.1）~式（3.11）及式（3.13）~式（3.15）构成了完整优化模型。模型优化变量为 $\Delta\hat{d}_i^{\max}$、$\Delta\check{d}_i^{\max}$、$\Delta\hat{p}_i^{\max}$、$\Delta\check{p}_i^{\max}$、p_i 及 α_i。模型在目标函数式（3.1）中存在取小逻辑运算，在式（3.13）、式（3.14）中存在区间不确定量，这些因素的存在制约了模型的求解，下面部分给出模型的变换处理方法。

3.3 模型可解化处理

3.3.1 两层优化目标的处理

上述实时新能源并网消纳优化决策模型具有两层目标。这里采用优先目标规划方法对模型进行求解，使目标具有明确的等级顺序[48]。该方法首先在新能源消纳可行域内优化第一层目标，然后，以第一层目标的最佳结果为约束构建新的新能源消纳可行域，进行第二层目标的优化。本章模型中，第二层目标优化时，根据第一层目标优化结果，增加约束如下：

$$\sum_{i=1}^{N_d} \left[\min(\Delta \widehat{d}_i^{\max}, \Delta \widehat{d}_{i,s}^{\max}) + \min(\Delta \widecheck{d}_i^{\max}, \Delta \widecheck{d}_{i,s}^{\max}) \right] \geq Z^* \qquad (3.16)$$

式中，Z^* 为第一层优化所得的最佳目标值。该约束保证对发电经济性的优化不会影响到第一层优化中新能源消纳的有效安全域的效用。

3.3.2 目标取小逻辑运算的处理

为了取安全域与新能源发电功率扰动范围的交集，目标函数式（3.1）中含有取小逻辑运算，使问题难以直接求解。一般地，取小逻辑运算可以通过引入 $\{0,1\}$ 变量体现函数的不连续性，将问题转化为混合整数规划问题[49]。由于本章模型结构特殊，目标函数式（3.1）可直接进行线性等效，从而避免引入整数变量。等效方式如下。

引入新的非负连续变量 y_i^{up} 及 y_i^{dn}，将目标函数变为

$$\max Z = \sum_{i=1}^{N_d} (y_i^{up} + y_i^{dn}) \qquad (3.17)$$

为使式（3.17）与式（3.1）等价，在约束中引入如下两组约束：

$$\begin{cases} y_i^{up} \leq \Delta \widehat{d}_i^{\max} \\ y_i^{up} \leq \Delta \widehat{d}_{i,s}^{\max} \end{cases}, \quad i=1,2,\cdots,N_d \qquad (3.18)$$

$$\begin{cases} y_i^{dn} \leq \Delta \widecheck{d}_i^{\max} \\ y_i^{dn} \leq \Delta \widecheck{d}_{i,s}^{\max} \end{cases}, \quad i=1,2,\cdots,N_d \qquad (3.19)$$

其中，约束式（3.18）可使 y_i^{up} 等于 $\Delta \widehat{d}_i^{\max}$、$\Delta \widehat{d}_{i,s}^{\max}$ 中的相对小者，即 $y_i^{up} = \min(\Delta \widehat{d}_i^{\max}, \Delta \widehat{d}_{i,s}^{\max})$。这是由于 y_i^{up} 无其他约束，目标函数式（3.17）的最大化需求必然会使式（3.18）中两个不等式右边项的较小者取等号（用反证法可证，由于结论显然，此处不再赘述）。式（3.19）对 y_i^{dn} 作用同理。从而，式（3.17）~式（3.19）与式（3.1）等效。

3.3.3 不等式约束中不确定量的处理

模型中不等式（3.13）与式（3.14）中含有不确定量，可在式（3.15）所示范围内取值。这里以式（3.13）为例给出约束转换方法，将不确定量消除。式（3.14）可同理处理。

要求式（3.13）在式（3.15）条件下总成立，即要求对于支路 l，有下式成立：

$$\max_{\substack{\Delta \tilde{d}_j \in [-\Delta \widecheck{d}_j^{\max}, \Delta \widehat{d}_j^{\max}] \\ j=1,2,\cdots,N_d}} \left\{ \sum_{j=1}^{N_d} \left(M_{jl} + \sum_{i=1}^{N_a} M_{il}\alpha_i \right) \Delta \tilde{d}_j \right\} \leq \overline{T}_l^{\max} \qquad (3.20)$$

式中，$\overline{T}_l^{\max} = T_l^{\max} - \sum_{i=1}^{N_a} M_{il}p_i - \sum_{j=1}^{N_d} M_{jl}d_j$。

由于不确定量 $\Delta \tilde{d}_j$ 的系数包含待求变量 α_i，其系数符号不定，因而，无法直接找到式（3.20）左边项最"劣"情况对应表达。为此，借鉴 Soyster 鲁棒优化方法，构建这种最"劣"情况下约束式的解析表达，如下：

$$\begin{cases} \sum_{j=1}^{N_d} \left[\left(M_{jl} + \sum_{i=1}^{N_a} M_{il}\alpha_i \right)(-\Delta \check{d}_j^{\max}) + \lambda_{jl}^{up} \right] \leqslant \overline{T}_l^{\max} \\ \lambda_{jl}^{up} \geqslant \left(M_{jl} + \sum_{i=1}^{N_a} M_{il}\alpha_i \right)(\Delta \hat{d}_i^{\max} + \Delta \check{d}_i^{\max}), \quad j=1,2,\cdots,N_d \\ \lambda_{jl}^{up} \geqslant 0, \quad j=1,2,\cdots,N_d \end{cases} \quad (3.21)$$

通过对 $M_{jl} + \sum_{i=1}^{N_a} M_{il}\alpha_i$ 为正或为负情况的测试，上述转变的等效性容易验证。为了表述简单，先考虑仅有一维不确定量的情况，并将其抽象表示为：

$$ax < T \quad (3.22)$$

式中，x 代表唯一的不确定量，且 $x^- \leqslant x \leqslant x^+$；$a$ 表示其系数。在对 x 进行优化时，a、T 均被视为常数，虽然 a 的符号未知。

经过类似于式（3.20）和式（3.21）的转化后，约束式（3.22）可表示为式（3.23）~式（3.25）：

$$ax^- + \lambda < T \quad (3.23)$$
$$\lambda \geqslant a(x^+ - x^-) \quad (3.24)$$
$$\lambda \geqslant 0 \quad (3.25)$$

在上述式中，当系数 $a>0$ 时，由于 $x^+ - x^- > 0$ 恒成立，$a(x^+ - x^-) > 0$，因而 λ 取值为 $a(x^+ - x^-)$，由此式（3.22）左边项可表示为 $ax^- + a(x^+ - x^-) = ax^+$，为 $a>0$ 时左边项的最大值，式（3.22）变为 $ax^+ < T$，因此，可以保证约束（3.22）成立。

当系数 $a<0$ 时，由于 $x^+ - x^- > 0$ 恒成立，$a(x^+ - x^-) < 0$，因而 λ 取值为 0，由此式（3.22）左边项可表示为 $ax^- + 0 = ax^-$，为 $a<0$ 时左边项最大值，式（3.22）变为 $ax^- < T$，也可以保证约束（3.22）成立。

综上，式（3.23）~式（3.25）的约束条件总可保证式（3.22）左边项取得最大值。命题在仅有一个不确定量的情况下得证。

根据相同的原理，可以推演到多不确定变量的情况。从约束式可以看出，约束是逐不确定变量的，一共 N_d 组。重复上述证明过程，可以证明，对于每一个不确定量，约束均可根据其系数的符号，在其扰动范围内选取到相应的端点，从而，保证原式（3.20）的左边项总取得最大值。

在上述变换中，尽管对于不确定参量的转变处理引入了新决策变量 λ_{jl}^{up}，$j=1,2,\cdots$ N_d，但此转换并没有从计算性质上改变问题的计算复杂度，问题构成了典型的 Bilinear 问题，可以采用商业求解器直接求解。对于 Bilinear 问题的一些加速求解方法，将在后续章节进行探讨。

3.4　算例分析

本节以 6 节点系统为例，对所提出方法的有效性进行分析。并以 IEEE 118 节点系统及某省实际电网等效的 445 节点系统为例，验证方法的求解效率。测试计算均采用 GAMS（General Algebraic Modeling System）软件，通过调用 CONOPT 求解器进行求解，计算机配置为英特尔酷睿 i5 处理器，主频 3.6GHz，内存 2G。

3.4.1　6 节点算例分析

6 节点系统接线图如图 3.2 所示，系统共有 3 台发电机，此处全部设为 AGC 机组，机组参数见表 3.1。系统在 3、5、6 节点接有新能源，具体线路参数见表 3.2。

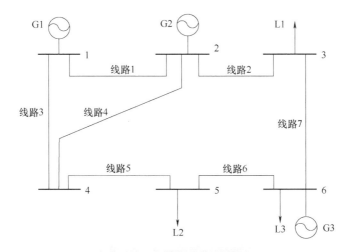

图 3.2　6 节点系统接线图

表 3.1　6 节点系统机组参数

编号	节点	功率上限	功率下限	发电成本	调节能力（上、下）	初始功率
1	1	2.0	1.0	1.05	0.1500	1.5
2	2	1.5	0.5	1.00	0.1125	1.0
3	6	1.0	0.2	1.10	0.0750	0.6

注：表中均为标幺值，功率基准值为 100MW，发电价格基准值为 40000 元/100MW·h，为方便描述，备用价格设与发电价格相同。

1. 支路潮流约束处理方法的有效性例证

与本章方法直接找到支路潮流约束的最紧情况不同，一种保证式（3.13）、式（3.14）成立的直观方法是采用注入扰动边界的全排列枚举构成支路潮流约束集合[43]。这里通过这种枚举方法与本节方法的对比，验证本节方法的有效性。值得说明的是，枚举方法虽然可以保证决策结果的鲁棒性，但其存在维数灾问题，由于测试系统规模较小，计算量尚可以承受。

表 3.2　6 节点系统线路参数

线路编号	起始节点	终止节点	电抗	传输限制
线路 1	1	2	0.170	2.00
线路 2	2	3	0.037	1.30
线路 3	1	4	0.258	2.00
线路 4	2	4	0.197	0.80
线路 5	4	5	0.037	1.24
线路 6	5	6	0.140	1.00
线路 7	3	6	0.018	1.00

表 3.3　6 节点系统新能源参数

节点编号	节点数	新能源预测期望值
1	3	0.7
2	5	0.17
3	6	0.7

对于测试系统，设新能源发电功率最大扰动为预测新能源发电功率的±7%，分别采用枚举法和本节方法构建优化模型。计算结果显示，两种方法得到的新能源消纳有效安全域大小及 AGC 机组配置方式均相同，结果对应新能源消纳的有效安全域如图 3.3 所示。

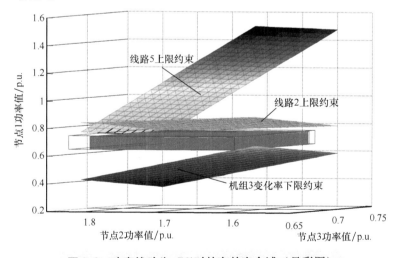

图 3.3　功率扰动为±7%时的有效安全域（见彩图）

考察两个模型起作用的支路潮流约束，枚举法中线路 2、线路 5 正向支路潮流约束起作用，且所有新能源发电功率均处于上边界。本章方法得到的结果同样是线路 2 与线路 5 支路潮流正向约束起作用，并且，线路 2 与线路 5 正向支路潮流约束中的 λ_{jl}^{up} 均为正，表明支路潮流约束最紧时，所有新能源发电功率均处于上边界，与枚举法所得结论完全相同。

2. 安全域与有效安全域优化效果对比

新能源发电功率扰动范围为 ±5%、±6% 及 ±7% 时，测试本章最大有效安全域与最大安全域在考察节点上新能源发电功率扰动覆盖能力的差异，说明有效安全域最大化是更为合理的决策目标。在三种不同新能源发电功率扰动情况下，两种方法所得各节点可接纳扰动区间如图 3.4 所示。

当新能源发电功率扰动为 ±5% 时，如图 3.4a 所示，最大有效安全域对新能源发电功率扰动范围的覆盖率为 100%。最大安全域除了节点 2 向上扰动范围不能完全覆盖外，其余节点的上、下扰动范围均能有效覆盖，但所得的可接纳扰动范围有较大余量，可能降低系统运行的经济性。

当新能源发电功率扰动增加到如图 3.4b 所示的 ±6% 时，最大安全域对于节点 2、节点 3 的向上新能源发电功率扰动均实现不了完全覆盖，而在节点 1，有较多扰动接纳能力的余量。本章方法所形成的有效安全域对新能源发电功率扰动的覆盖率依然为 100%。

当新能源发电功率扰动增加到 ±7% 时，如图 3.4c 所示，此时系统的调节能力已不足以完全覆盖新能源发电功率扰动，但本章方法所形成的最大有效安全域相对于最大安全域对新能源发电功率扰动的覆盖范围更大。

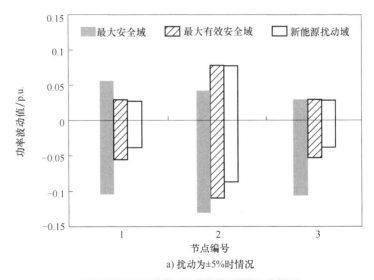

a) 扰动为 ±5% 时情况

图 3.4　节点功率扰动覆盖范围对比图

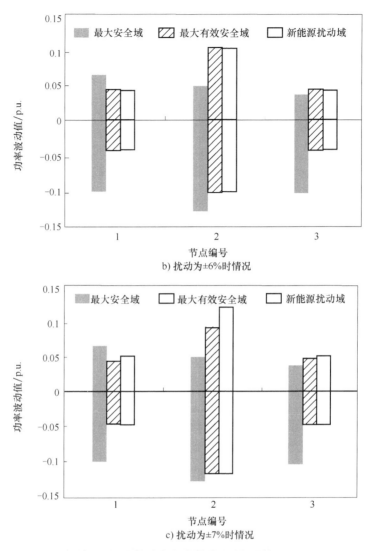

图 3.4　节点功率扰动覆盖范围对比图（续）

3. 经济性目标的作用分析

图 3.5 所示为新能源发电功率扰动比例 ±4%～±10% 时，只计及有效安全域最大化目标与同时计入有效安全域、经济性两层目标后系统运行成本变化。计入经济性目标后，系统的运行成本有不同程度的下降。当新能源发电功率扰动比例较低时，系统的备用容量充足，此时多种 AGC 配置均可满足将扰动域完全覆盖的需求，而运行成本相差较大，所以以加入经济性目标后，系统运行成本降低明显。而随着新能源发电功率扰动比例的提高，AGC 机组的配置方式主要由构建有效安全域的需求所决定，此时，有无经济性目标的影响不再显著。

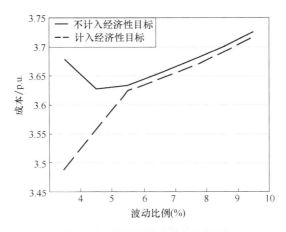

图 3.5　不同目标成本变化曲线

例如，以新能源发电功率扰动±4%的情况为例，在不计及经济性目标时，3 台机组的分配因子分别为 0.462、0.294 及 0.245，运行基点分别为 1.418p. u. 、1.009p. u. 及 0.672p. u. 。运行成本为 147080 元（3.677p. u. ）。计入经济性目标后，机组参与因子和基点发生变化，三台机组的参与因子分别为 0、0.707 与 0.293，运行基点分别为 1.35p. u. 、1.075p. u. 与 0.675p. u. 。通过对比可见，发电经济性与调节经济性均较好的机组 2 将部分替代经济性较差的机组 1 在系统中所起的发电与调节作用，更多地参与发电与调节。此时，系统的运行成本降为 139600 元（3.49p. u. ）。同时发现，两套参数配置得到的有效安全域均可实现新能源发电功率扰动域的完全覆盖。

4. 支路容量对有效安全域的影响分析

当新能源接入节点扰动范围为±4%～±10%时，新能源发电功率扰动域的大小及相应的有效安全域大小如图 3.6a 所示。新能源发电功率扰动范围小于±6%时，扰动完全能够被系统平抑。当新能源发电功率扰动范围继续增加时，由于受到线路 2、线路 5 的潮流约束限制以及发电机 1 与发电机 2 的功率调节能力限制，新能源发电功率扰动不再能够被完全覆盖。图 3.6b 所示为线路 5 约束放宽至 1.5p. u. 时的情况，可以看出，此时的有效安全域显著增大。本章提出的方法，除了可以在现有系统结构下合理调配 AGC 机组外，同时也可以发现制约系统扰动平抑能力的关键因素，为通过线路动态增容等技术手段进一步提高系统抗扰动能力工作的开展提供理论依据。

3.4.2　IEEE 118 节点算例分析

IEEE 118 节点系统[42]有发电机 54 台，负荷节点 91 个，线路 186 条。发电机装机容量从 20MW 到 650MW 不等，取 15 台中等容量的 100MW 机组作为 AGC 机

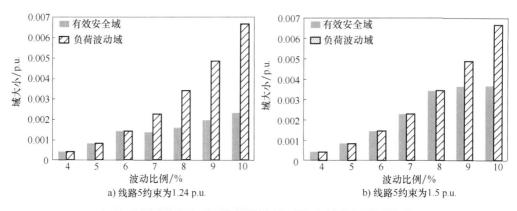

a) 线路5约束为1.24 p.u.　　　b) 线路5约束为1.5 p.u.

图 3.6　有效安全域及新能源发电功率扰动域的大小对比

组。新能源发电功率扰动节点数量从 5 个增加到 30 个，扰动范围为预测值的 ±20% 时，模型求解时间如图 3.7 所示。从图中可以看出，当新能源接入节点为 5 个时，计算时间为 2.04s，当新能源接入节点数量增加到 30 个时，计算时间增加到 32.55s。此算例说明所提出模型在处理中等规模系统时，计算效率较为理想。

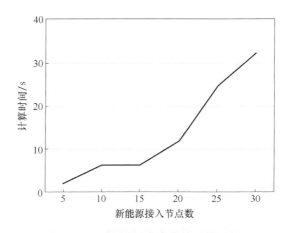

图 3.7　IEEE 118 节点系统计算时间

3.4.3　实际电网等效的 445 节点系统算例分析

445 节点系统取自某省实际电网。系统有发电机 48 台，新能源接入节点 194 个，线路 693 条。在计算所取的典型日中，在线机组总容量为 19618MW，总负荷为 17103MW。将系统中容量为 100MW~250MW 的 15 台发电机组设为 AGC 机组。在存在不同数目的新能源接入节点的情况下，对计算时间进行比较，结果如图 3.8 所示。在新能源接入节点数量从 5 增加到 30 的过程中，计算时间从 6.17s 增加到

127.59s，计算效率可满足实际应用需求。此外，应用过程中还可以通过使用电网聚合技术等工程实用手段进一步提高计算速率，以提升方法的实用性。

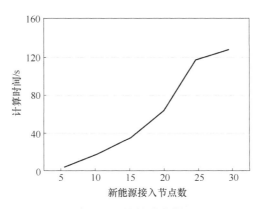

图 3.8　445 节点系统计算时间

3.5　本章小结

　　本章针对新能源消纳的最大有效安全域评估问题，根据新能源消纳的有效安全域概念，构建了以新能源消纳有效安全域最大化为首要目标、以发电与调节经济性为次要目标的优化决策模型，对自动发电控制机组的运行基点与参与因子进行决策。为方便模型求解，文中利用线性化手段与鲁棒优化方法对模型进行了等价转换，提高了模型的实用价值。对简单 6 节点算例系统的测试表明，本章方法能够正确刻画考察节点的新能源消纳有效安全域，在提高系统新能源消纳能力的同时，兼顾系统运行的经济性，符合系统在线经济调度的需求。通过对中等规模 IEEE 118 节点测试系统与实际系统的测试计算表明，所提算法具有较高的计算效率，能够适应实际系统的计算需求。

Chapter 4
第 4 章

实时调度中的新能源 ◀◀◀
消纳有效安全域优化

4.1 保守度可控的新能源消纳有效安全域优化

4.1.1 引言

　　基于新能源消纳的有效安全域的定义，上一章给出了以有效安全域最大化为决策目标的优化调度方法。这种方法以有效安全域最大化为首要目标，以系统运行经济性最佳为次要目标，构建了优化模型。然而，最大有效安全域法虽然可以最大化系统的运行安全，但缺少了安全性与经济性之间的折中协调，结果难免略偏于保守，不够灵活。要解决这一问题，需要决策模型能够在系统运行安全性与经济性目标间寻找适应于决策者需求的均衡点，灵活适应决策者需求。

　　由此，本节致力于分析与解决有效安全域方法模型构造中安全性和经济性冲突的问题，给出一种实时调度中保守度可控的有效安全域方法。本节方法与上一章方法的本质差别体现在对多目标优化问题的处理上。其中，上一章采用了优先目标规划方法，构成了层次分明的多目标优化问题的解法，而本节方法则通过在原优化模型的两层目标处理过程中，加入保守度控制系数 β，改进优先目标规划方法，体现决策者需求，实现安全性和经济性的折中。同时，本节还将对安全性、经济性两种目标间的帕累托最优性进行探讨。

　　需要注意的是，从鲁棒优化的不确定集合分析角度讲，有效安全域类似于鲁棒优化的盒式不确定集，而本节方法则类似于鲁棒优化通过控制盒式集合的大小，实现对决策保守性的控制。至于有效安全域采用盒式不确定集结构的优点，在 1.2.2 节已经进行了阐述，此处不再重复。

4.1.2　多目标优化模型及改进的优先目标规划

为阐述方便，这里将上一章所给出的多目标优化模型集中列写如下，符号与上一章模型一致。由于上一章已经对模型进行了较为详细的描述，这里不再给出模型的具体解释。

1. 目标函数

（1）有效安全域最大化目标（安全性目标）

$$\max Z = \sum_{i=1}^{N_d} (y_i^{up} + y_i^{dn}) \tag{4.1}$$

（2）经济性目标

$$\min \sum_{i=1}^{N_a} (c_i p_i + \hat{c}_i \Delta \hat{p}_i^{max} + \check{c}_i \Delta \check{p}_i^{max}) \tag{4.2}$$

2. 约束条件

（1）目标函数中式（4.1）等价处理过程中所引入的约束

$$\begin{cases} y_i^{up} \leqslant \Delta \hat{d}_i^{max} \\ y_i^{up} \leqslant \Delta \hat{d}_{i,s}^{max} \end{cases}, \quad i = 1, 2, \cdots, N_d \tag{4.3}$$

$$\begin{cases} y_i^{dn} \leqslant \Delta \check{d}_i^{max} \\ y_i^{dn} \leqslant \Delta \check{d}_{i,s}^{max} \end{cases}, \quad i = 1, 2, \cdots, N_d \tag{4.4}$$

（2）运行基点功率平衡约束

$$\sum_{i=1}^{N_a} p_i = \sum_{j=1}^{N_d} d_j - D \tag{4.5}$$

（3）参与因子和为 1 约束

$$\sum_{i=1}^{N_a} \alpha_i = 1 \tag{4.6}$$

（4）形成有效安全域 AGC 机组所需提供的最大备用容量

$$\Delta \hat{p}_i^{max} = \alpha_i \sum_{j=1}^{N_d} \Delta \hat{d}_j^{max}, \quad i = 1, 2, \cdots, N_a \tag{4.7}$$

$$\Delta \check{p}_i^{max} = \alpha_i \sum_{j=1}^{N_d} \Delta \check{d}_j^{max}, \quad i = 1, 2, \cdots, N_a \tag{4.8}$$

（5）AGC 机组最大向上、向下调整能力约束

$$0 \leqslant \Delta \hat{p}_i^{max} \leqslant \Delta \overleftarrow{p}_i^{max}, \quad i = 1, 2, \cdots, N_a \tag{4.9}$$

$$0 \leqslant \Delta \check{p}_i^{max} \leqslant \Delta \overrightarrow{p}_i^{max}, \quad i = 1, 2, \cdots, N_a \tag{4.10}$$

（6）AGC 机组输出功率上、下限约束

$$p_i - \Delta \check{p}_i^{max} \geqslant p_i^{min}, \quad i = 1, 2, \cdots, N_a \tag{4.11}$$

$$p_i + \Delta \hat{p}_i^{\max} \leqslant p_i^{\max}, \quad i = 1, 2, \cdots, N_{\mathrm{a}} \tag{4.12}$$

（7）AGC 机组运行基点变化速率约束

$$-r_{\mathrm{d},i} \leqslant p_i - p_i^0 \leqslant r_{\mathrm{u},i}, \quad i = 1, 2, \cdots, N_{\mathrm{a}} \tag{4.13}$$

（8）支路潮流约束（正向）

$$\sum_{j=1}^{N_{\mathrm{d}}} \left[\left(M_{jl} + \sum_{i=1}^{N_{\mathrm{a}}} M_{il} \alpha_i \right) (-\Delta \breve{d}_j^{\max}) + \lambda_{jl}^{\mathrm{up}} \right] \leqslant \overline{T}_l^{\max}, \quad l = 1, 2, \cdots, L \tag{4.14}$$

$$\lambda_{jl}^{\mathrm{up}} \geqslant \left(M_{jl} + \sum_{i=1}^{N_{\mathrm{a}}} M_{il} \alpha_i \right) (\Delta \hat{d}_i^{\max} + \Delta \breve{d}_i^{\max}), \quad j = 1, 2, \cdots, N_{\mathrm{d}} \tag{4.15}$$

$$\lambda_{jl}^{\mathrm{up}} \geqslant 0, \quad j = 1, 2, \cdots, N_{\mathrm{d}} \tag{4.16}$$

（9）支路潮流约束（反向）

$$\sum_{j=1}^{N_{\mathrm{d}}} \left[\left(M_{jl} + \sum_{i=1}^{N_{\mathrm{a}}} M_{il} \alpha_i \right) (\Delta \hat{d}_j^{\max}) + \lambda_{jl}^{\mathrm{dn}} \right] \geqslant -\overline{T}_l^{\max}, \quad l = 1, 2, \cdots, L \tag{4.17}$$

$$\lambda_{jl}^{\mathrm{dn}} \leqslant -\left(M_{jl} + \sum_{i=1}^{N_{\mathrm{a}}} M_{il} \alpha_i \right) (\Delta \hat{d}_i^{\max} + \Delta \breve{d}_i^{\max}), \quad j = 1, 2, \cdots, N_{\mathrm{d}} \tag{4.18}$$

$$\lambda_{jl}^{\mathrm{dn}} \leqslant 0, \quad j = 1, 2, \cdots, N_{\mathrm{d}} \tag{4.19}$$

式（4.1）~式（4.19）构成完整的优化模型，需要注意的是，在给出的模型中，目标函数中的逻辑运算与支路潮流约束中的不确定量都已经进行了处理。模型中的决策变量为 y_i^{up}、y_i^{dn}、p_i、$\Delta \hat{p}_i^{\max}$、$\Delta \breve{p}_i^{\max}$、$\Delta \hat{d}_i^{\max}$、$\Delta \breve{d}_i^{\max}$、$\alpha_i$、$\lambda_{jl}^{\mathrm{up}}$、$\lambda_{jl}^{\mathrm{dn}}$。

4.1.3　改进的多目标优化方法

上述实时调度优化模型具有双重目标，目标之间相互关联，一个目标的改善会导致另一个目标的劣化。第3章所采用的优先目标规划方法是在明确确定两层目标的优先级之后，先进行具有优先权目标的优化，然后在固定优先目标优化水平的情况下进行次级目标的优化，从而给出完全符合目标优先级的优化结果。然而，考虑到在实时经济调度中，不同的调度人员根据不同的运行情况和风险态度可能会对结果的保守度要求不一样。因而，为了控制模型的保守度，这里采用改进的优先级目标规划方法对模型进行求解。该方法首先在可行域内优化第一层目标，然后，以第一层优化目标的优化结果和引入的保守度控制系数 β 构建新的约束，进行第二层目标的优化。形成如下两层决策模型：

第一层：

$$z = \max \left\{ \sum_{j=1}^{N_{\mathrm{d}}} (\hat{y}_j + \breve{y}_j) \right\} \tag{4.20}$$

s. t.

约束式（4.3）~式（4.19）

第二层：

$$z_E = \min \sum_{i=1}^{N_a} (c_i p_i + \hat{c}_i \Delta \hat{p}_i^{\max} + \breve{c}_i \Delta \breve{p}_i^{\max})$$

s. t.

$$\begin{cases} \sum_{i=1}^{N_d} \left[\min(\Delta \hat{d}_i^{\max}, \Delta \hat{d}_{i,s}^{\max}) + \min(\Delta \breve{d}_i^{\max}, \Delta \breve{d}_{i,s}^{\max}) \right] \geqslant \beta Z^* \\ 约束式(4.3) \sim 式(4.19) \end{cases}$$

(4.21)

易见，第一层优化的目标是最大化新能源消纳的有效安全域，第二层优化目标是最小化运行成本，第二层优化问题较第一层优化问题所多出的约束条件中的 Z^* 为第一层优化问题的解。上述决策的根本目的是为了获取机组的运行基点和参与因子，模型中的其他决策变量实际上均可以由这两个根本性的决策变量推导出来。

新的方法中引入了保守度控制系数 $\beta \in [0,1]$，当 β 取较大值时，说明决策者倾向于安全性，即要求的保守度比较高，当 β 取为 1 时，第一层优化所得到的有效安全域的大小在第二层优化中不会改变，系统可以确保第二层优化时的新能源消纳有效安全域不会减少，这种情况与第 3 章优先目标规划方法所得到的结果是一致的。而当 β 取值越小，说明系统决策越倾向于经济性，当 β 取为 0 时，问题就会简化为确定性的经济调度问题[34]。

因为在多个约束中有双线性表达，式（4.20）和式（4.21）构成的优化模型均属于双线性规划问题[35,36]。双线性规划是非线性规划问题中比较特殊的一类，现在有不少有效的优化求解方法和成熟的求解器可以对此进行求解。我们在后续章节也会给出一些双线性问题的有效求解方法。

4.1.4 帕累托最优性分析

多目标优化问题普遍包含数目众多的可行方案，同时，这些可行方案之间不具备类似单目标优化问题的绝对优劣关系。帕累托最优[21]的概念，即是在多个目标之中，寻找一组均衡的解，而不是单个的全局最优解。

考虑多目标优化问题：

$$\min \boldsymbol{F} = [f_1(x), f_2(x), \cdots, f_n(x)]^T$$

$$s.t. \begin{cases} h(x) = 0 \\ g(x) < 0 \end{cases}$$

(4.22)

式中，x 为决策量；$\boldsymbol{F}$ 为目标函数向量；包含多种优化目标，约束分别为等式约束和不等式约束。

这里，以双目标最小化问题为例，给出帕累托最优解的说明。首先，将双目标最小化问题的解映射到目标函数空间，如图 4.1 所示。图中给出了 x_a、x_b 两个解的映射，可以看出，两个解均映射在帕累托前沿上，由此，其均是帕累托最优解。前沿左下方为解集映射不到的区域，前沿右上方为可行解能映射到的区域。对比可行解与帕累托解所对应的目标函数值可以看出，帕累托解的共同点就在于：提高其一项目标函数的性能，必然会导致另一项目标函数性能的劣化，即不可能存在一个帕累托最优解可以同时提高其所有目标的性能。

比如，在图 4.1 中，解 x_a 相对于解 x_b 而言，$f_1(x_a)>f_1(x_b)$，即在目标 1 上解 x_b 性能要好于 x_a；但同时有 $f_2(x_a)<f_2(x_b)$，即在目标 2 上，解 x_a 性能要好于 x_b。而想要两个目标值都得到优化，则解需要取到图上帕累托前沿覆盖区域之外，故是不可行的。

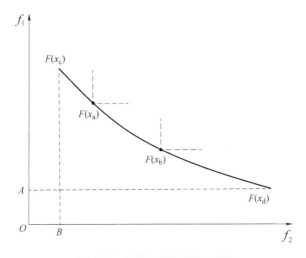

图 4.1　帕累托最优解示意图

对于多目标优化问题，有多种寻求帕累托前沿的方法，如智能搜索算法等。而对于本章所关心的两目标优化问题，则可以利用本章所提出的改进优先目标规划法来进行帕累托前沿的搜索。

这里，不妨假设经济性指标对应于图 4.1 中的 f_1，而安全性指标对应于图中的 f_2。而为了与图 4.1 相匹配，需将两目标同时变为最小化问题。由此，不妨认为 f_2 对应的安全性指标是不能被覆盖的扰动范围，这样，我们的两目标优化问题就变成了同时最小化 f_1 与 f_2 指标的形式。

根据 4.1.3 节内容可知，在第一层优化问题得到求解后，系统的最强扰动平抑能力将被评估出来。此时，若第二层优化问题将 β 取为 1，这一最强扰动平抑能力的需求将被带入第二层，则可以得到安全性指标最佳情况下的经济性最好解。不难理解，此时得到的解，将是一个帕累托解（不可能再同时提高系统运行的安全性与经济性了），此解对应于 f_2 指标最优的情况，即图 4.1 中的解 x_c。

相似地，当 β 值取为 0 的时候，所得的解将是完全的经济最优解，而不考虑安全性问题，对应于图4.1中的解x_d。此时，目标函数f_1将是最优的，而f_2可由解x_d直接求出。这里，有个假设条件，就是经济性最优问题有唯一解，若是经济性最优问题有多解，则选取其中f_2最小者（也就是不能被覆盖扰动范围最小者），来作为β值取为0时的解。

而当β取值在0到1之间变化时，第二层优化得到的解，即为对应的扰动接纳能力下经济性最好的解。若对解改动，让其经济性更佳，则必然需要牺牲系统的扰动接纳能力。可见，其性质符合帕累托最优解定义，从而，当β在0到1之间连续变化时，所形成的轨迹即为帕累托前沿。

模型有效性分析

本节所采用的6节点系统结构图与第3章算例分析中的6节点系统一致。参数中备用成本设为发电成本的10%[37]。新能源发电扰动设为期望值的±5%。在控制系数β取不同值的情况下，进行优化求解，得到的有效安全域和运行成本见表4.1，与其相对应的机组运行基点和参与因子见表4.2。

表4.1 新能源发电扰动±5%时优化结果

β	有效安全域/p.u.	运行成本/p.u.	发电成本/p.u.	备用成本/p.u.
0	0.000	3.231	3.231	0.000
0.2	0.062	3.236	3.231	0.005
0.4	0.124	3.241	3.231	0.011
0.6	0.186	3.261	3.237	0.024
0.8	0.248	3.287	3.255	0.032
1	0.310	3.324	3.283	0.041

注：表中均为标幺值，功率基准值为100MW，发电价格基准值为40000元/100MW·h。

表4.2 新能源发电扰动±5%时机组运行基点与参与因子

β	参与因子			运行基点/p.u.		
	a_1	a_2	a_3	p_1	p_2	p_3
0	NA	NA	NA	1.647	0.887	0.565
0.2	0	1	0	1.647	0.887	0.565
0.4	0.093	0.907	0	1.647	0.887	0.565
0.6	0.392	0.125	0.484	1.584	0.94	0.576
0.8	0.392	0.125	0.484	1.419	1.073	0.608
1	0.392	0.125	0.484	1.406	1.054	0.64

从表4.1和表4.2中可以看出，在经过第一层优化后，有效安全域最大为31MW，与新能源发电扰动之和在数值上一致，说明系统可以完全消纳新能源发电扰动。在第二层优化中，随着β值的增加，系统的有效安全域也将随之增加，代表着系统的运行安全性有所提升，而与之对应，系统的运行成本也相应增加，因此，

可以通过改变 β 值来进行系统运行经济性和安全性的折中，即进行决策保守度的控制。

当 β 值为 0 时，系统中的新能源发电不确定性被忽略，因此，表中没有给出参与因子的值，而调度结果也与确定性经济调度的结果相同。与之对应，当 β 值为 1 时，系统确保所有的新能源发电扰动都可以被消纳。而当 β 值为 0.2 时，系统的备用均由备用成本较低的机组 2 承担，而随着 β 值的增加，更多的机组将会承担平抑新能源发电扰动的任务。

图 4.2 给出了不同 β 值下，新能源发电的扰动区间和系统实际可接纳扰动区间的对比。

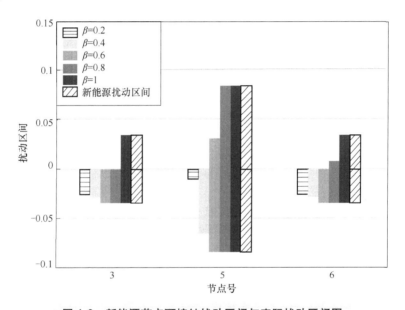

图 4.2 新能源节点可接纳扰动区间与实际扰动区间图

从图 4.2 中可以看出，随着 β 值的增加，系统应对新能源发电扰动的能力不断增强。一种有趣的现象是：虽然系统中上调、下调备用容量的价格是一样的，但是，从图中可以看出，系统优先满足下调备用需求。这是因为提供上调备用较为经济的 AGC 机组受到了线路传输容量的制约。以 β 取值 0.6 时为例，在这种情况下，计算得到的有效安全域为 18.6MW，当不考虑新能源发电扰动的时候，连接节点 2 和节点 3 的线路 2 所传输的功率已经接近线路传输功率的极限，为了更经济地满足有效安全域要求，备用成本较低的机组 2 优先调整了运行基点来满足平抑新能源发电扰动的需求。但是，由于线路 2 的制约，机组 2 只能平抑向下的新能源发电扰动。

为了检验提出方法在较大新能源发电扰动情况下的优化结果，将新能源发电扰动提高到预测期望值的±8%，则相应的优化结果见表4.3和表4.4。在第一层优化后，系统最大的有效安全域为41.3MW，这主要是受到线路2和线路5功率传输能力的制约。

表4.3 新能源发电扰动±8%时模型优化结果

β	有效安全域/p. u.	运行成本/p. u.	发电成本/p. u.	备用成本/p. u.
0	0.000	3.231	3.231	0.000
0.2	0.083	3.238	3.231	0.007
0.4	0.165	3.245	3.231	0.014
0.6	0.248	3.253	3.231	0.022
0.8	0.330	3.301	3.263	0.038
1	0.413	3.358	3.311	0.047

表4.4 新能源发电扰动±8%时机组的运行基点与参与因子

β	参与因子			运行基点/p. u.		
	a_1	a_2	a_3	p_1	p_2	p_3
0	NA	NA	NA	1.647	0.887	0.565
0.2	0	1	0	1.647	0.887	0.565
0.4	0.319	0.681	0	1.647	0.887	0.565
0.6	0.546	0.454	0	1.647	0.887	0.565
0.8	0.605	0.093	0.302	1.412	1.071	0.617
1	0.244	0.454	0.302	1.35	1.075	0.675

4.1.5 算例分析

1. 帕累托最优性验证

通过随机生成能同时满足发电需求和新能源发电扰动平抑需求的运行基点和参与因子，求得与其对应的运行成本和不能覆盖的扰动区域，来进行帕累托前沿的验证。所得结果如图4.3所示，其中，横坐标为未覆盖的扰动区间，纵坐标为运行成本。从图4.3中可以看出，所得结果对应的两重目标函数有明显的边界。在相同的安全性下，边界上点的经济性是最好的；而在相同经济性下，边界上点的安全性是最好的。所得边界即为帕累托前沿，并且，与用本节模型通过调整β值计算得出的帕累托前沿是一致的。

2. IEEE 118 节点算例分析

IEEE 118 节点系统参数与上一章相同，仍然选择100MW的15台机组作为AGC机组，新能源发电扰动节点数量选为5个，分别为节点3、39、50、58、96，扰动范围设为预测值的±20%，运用本节构建的模型及模型转化方法进行求解测试。为了展示保守度控制变量β对于模型求解速率的影响，在β的不同取值下分别对模

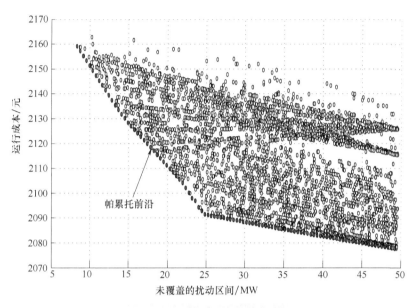

图 4.3　帕累托前沿验证图

型进行求解，求解耗时如图 4.4 所示。从图中可以看出，模型的求解速率与 β 值并没有直接关系。对于 IEEE 118 节点测试系统的其他实验，结论与上一章相似，此处不再赘述。

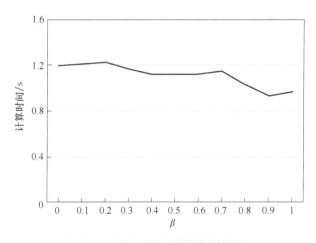

图 4.4　不用 β 值下模型的求解时间

4.1.6　小结

本节在第 3 章新能源消纳的最大有效安全域方法的基础上，通过引入保守度控

制系数 β，建立了实时调度中保守度可控的有效安全域优化方法。该方法依然以 AGC 机组的运行基点与参与因子为决策变量，但目标函数之间没有了绝对的优先等级，改进了优先目标规划方法，达到了经济性与安全性的折中。并且，文中验证了在不同的 β 值下，方法得到的为帕累托最优解，从而，可以通过遍历不同的 β 值，利用本节方法获得运行安全性与经济性相折中的帕累托前沿。

4.2　计及随机统计特性的新能源消纳有效安全域优化

4.2.1　引言

对于大规模新能源并网消纳优化决策问题，鲁棒优化[1]提供了一种"劣中选优"的决策思路，其关注的是最劣扰动情况下的最优解，仅需新能源发电功率扰动边界信息即可进行决策，计算效率较高，因而，具有较高的应用价值。然而，与从电力系统运行经济性最优化角度出发，同时兼顾一定新能源发电功率扰动应对能力的"优中选宜"（宜在此处有适应性较强之意）的决策思路相比，鲁棒优化的决策过程缺少了对电力系统新能源消纳能力提升与经济代价折中协调的过程。针对这一问题，采用新能源消纳的最大有效安全域方法、保守度可控的新能源消纳有效安全域方法，在决策过程中都没有充分利用到风电功率等不确定量的随机统计规律，从而，使得决策结果难以具有统计优性。因此，若可以将鲁棒优化方法与随机规划方法进行有机融合，将有希望进一步提升决策的有效性，在保持随机规划结果统计优性的同时，保留鲁棒优化计算效率高、预定扰动集合内运行约束可确保满足等显著优势。

目前，在鲁棒优化方法与随机规划方法的融合上，有如下几种解决思路：

第一类解决思路是通过合理构建不确定集来控制优化结果的保守性。在此类方法中，如何根据不确定量的概率分布构造合适的不确定集，使之能够覆盖恰当的扰动场景，从而使调度结果具有统计优性，是此类解决思路的关键。而事实上，由于受到电网结构和安全约束的限制，电力系统能够接纳的扰动范围与系统的运行状态密切相关，不同的运行状态，其具有统计优性的扰动接纳区间范围也是不同的。而此类扰动接纳区间预先给定（而不是同时优化）的方法，在扰动区间设定过程中，难以考虑系统运行状态的变化，扰动接纳区间设置存在一定的盲目性，可能降低系统本应具有的运行效率及对节点扰动的接纳能力。

第二类解决思路则是将鲁棒优化与随机规划方法进行组合。例如，参考文献［50］函数中的成本函数分为两部分，一部分对应随机规划作用下的期望成本，另一部分对应鲁棒优化方式引入的最劣成本，并分别赋予权重系数，将两种优化方式统一到一个模型中，由调度人员通过选取不同的权重系数来调节模型的保守度。

参考文献［51］则从调度时序上综合两种优化方式，即在调度过程推进的时间轴上引入一个描述随机规划向鲁棒优化转变的"跃变时间点"，其决定了某一类优化方式所占的时间比例。此时，调度人员通过恰当选取跃变时间点，可达到控制模型保守度的目的。然而，从模型结构和求解过程来看，这些方法均保持了鲁棒优化与随机规划两类方法的相对独立性，尚未实现真正的融合。

在上述研究背景下，本节以风电为例，给出一种计及不确定量随机统计特征的新能源消纳有效安全域优化方法。首先，定义节点风电接纳的条件风险价值，即风电接纳的 CVaR，用以描述各风电接入节点由于风电功率扰动超出可接纳范围而面临的期望损失；其次，通过对各节点 CVaR 积分值的分段线性化表达，形成以系统运行总成本与风电接纳 CVaR 总成本之和最小化为目标的线性优化目标函数及其附加约束；进而，依据新能源消纳有效安全域的表达，构建了计及风电随机统计特性的有效安全域优化模型及解法，对系统中各节点可接纳的风电扰动范围、机组的运行基点、机组的参与因子进行优化决策。最终，通过对简单 6 节点系统及 IEEE 118 节点系统的测试分析，验证方法的有效性。

4.2.2 风电接纳的条件风险价值及其数学表达

CVaR 反映了损失超过 VaR 临界值时可能遭受平均潜在损失的大小[12]。针对含风电电力系统有功调度问题，将节点风电接纳所对应的 CVaR 定义为：风电接入节点由于风电功率扰动超出节点最大风电功率接纳范围而可能遭受的平均潜在损失的大小。以某风电接入节点为例，假设该节点上的风电注入功率的概率密度函数如图 4.5 所示（以正态分布为例，实际中可隶属于任意分布形式）。

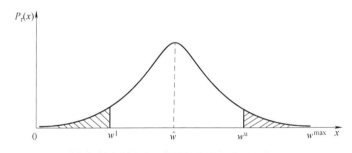

图 4.5 风电功率概率密度函数示意图

在图 4.5 中，x 表示风电功率值，是随机变量，$P_r(x)$ 是其概率密度函数；w^u、w^l 分别表示风电注入节点风电可接纳范围的上、下限值；$\hat{w}$ 表示风电功率的预测值；w^{max} 表示风电功率上限。

对于给定节点，若节点实际注入的风电功率值在该节点的风电可接纳范围内，即图 4.5 中 x 在 $[w^l, w^u]$ 之间取值，则风电功率的接入不会给系统运行带来风险；

若实际的风电注入功率超出该节点可接纳的风电功率范围上限，即 $x \geqslant w^{\mathrm{u}}$，则该节点无法接纳的风电功率值为 $x-w^{\mathrm{u}}$，在此情况下，需要通过弃风等措施限制风电功率的注入，以保证系统的运行安全。另外，若实际的风电注入功率低于节点可接纳的风电功率范围下限，即 $x \leqslant w^{\mathrm{l}}$，则节点无法应对的功率缺额为 $w^{\mathrm{l}}-x$ 在此情况下，则需要调用额外的备用容量或进行负荷消减等措施，以保证系统的运行安全。上述由于风电功率扰动超出节点风电接纳范围而产生的平均损失即定义为该节点风电接纳的条件风险价值 CVaR。

对于给定的节点可接纳风电功率范围上限 w^{u}，风电注入功率 x 超出 w^{u} 的差值是一个随机变量，可表示为

$$f^{\mathrm{u}}(w^{\mathrm{u}}, x) = \max\{0, x-w^{\mathrm{u}}\} \tag{4.23}$$

式中，$f^{\mathrm{u}}(w^{\mathrm{u}}, x)$ 为风电功率扰动超出 w^{u} 的差值。

根据节点风电接入 CVaR 的定义，节点风电功率超出接纳范围上限的 CVaR 值可表示为

$$
\begin{aligned}
\phi(w^{\mathrm{u}}) &= E(f^{\mathrm{u}}(w^{\mathrm{u}}, x) \mid 0 \leqslant f^{\mathrm{u}}(w^{\mathrm{u}}, x) \leqslant w^{\mathrm{max}}-w^{\mathrm{u}}) \\
&= \int_{0 \leqslant f^{\mathrm{u}}(w^{\mathrm{u}}, x) \leqslant w^{\mathrm{max}}-w^{\mathrm{u}}} f^{\mathrm{u}}(w^{\mathrm{u}}, x) P_{\mathrm{r}}(x) \,\mathrm{d}x \\
&= \int_{0 \leqslant x-w^{\mathrm{u}} \leqslant w^{\mathrm{max}}-w^{\mathrm{u}}} (x-w^{\mathrm{u}}) P_{\mathrm{r}}(x) \,\mathrm{d}x
\end{aligned} \tag{4.24}
$$

由式（4.24）可以看出，$\phi(w^{\mathrm{u}})$ 实际对应着图 4.5 右侧阴影部分概率加权平均值。

同理，对于给定的节点可接纳风电范围下限 w^{l}，风电注入功率 x 低于 w^{l} 的差值可表示为

$$f^{\mathrm{l}}(w^{\mathrm{l}}, x) = \max\{0, -x+w^{\mathrm{l}}\} \tag{4.25}$$

式中，$f^{\mathrm{l}}(w^{\mathrm{l}}, x)$ 为风电功率低于 w^{l} 的差值。

则节点风电功率低于接纳范围下限的 CVaR 值可表示为

$$
\begin{aligned}
\phi(w^{\mathrm{l}}) &= E(f^{\mathrm{l}}(w^{\mathrm{l}}, x) \mid 0 \leqslant f^{\mathrm{l}}(w^{\mathrm{l}}, x) \leqslant w^{\mathrm{l}}) \\
&= \int_{0 \leqslant f^{\mathrm{l}}(w^{\mathrm{l}}, x) \leqslant w^{\mathrm{l}}} f^{\mathrm{l}}(w^{\mathrm{l}}, x) P_{\mathrm{r}}(x) \,\mathrm{d}x \\
&= \int_{0 \leqslant -x+w^{\mathrm{l}} \leqslant w^{\mathrm{l}}} (w^{\mathrm{l}}-x) P_{\mathrm{r}}(x) \,\mathrm{d}x
\end{aligned} \tag{4.26}
$$

由式（4.26）可以看出，$\phi(w^{\mathrm{l}})$ 实际对应着图 4.5 左侧阴影部分概率加权平均值。

综上所述，考虑到风电注入功率的预测存在误差，各风电接入节点在实际运行中注入的风电功率可能由于超出该节点最大的风电接纳范围而给系统运行带来风险。为此，式（4.24）和式（4.26）建立了节点可接纳风电范围边界与节点风电接纳 CVaR 值之间的函数对应关系。在此基础上，对系统内各个风电接入节点的 CVaR 值求和，即可获得系统总的风电接纳 CVaR 值。

4.2.3 优化模型

1. 目标函数

计及上述风电接纳风险，实时调度优化模型的优化目标设为 AGC 机组的发电成本、备用成本以及系统的风电接纳 CVaR 成本之和最小，即

$$
\begin{aligned}
Z = \min \sum_{i=1}^{N_a} (c_i p_i + \hat{c}_i \Delta \hat{p}_i^{\max} + \breve{c}_i \Delta \breve{p}_i^{\max}) + \\
\sum_{m=1}^{M} \theta^u \int_{w_m^u}^{w_m^{\max}} (x_m - w_m^u) P_r^m (x_m) \mathrm{d} x_m + \\
\sum_{m=1}^{M} \theta^l \int_{0}^{w_m^l} (w_m^l - x_m) P_r^m (x_m) \mathrm{d} x_m
\end{aligned}
\tag{4.27}
$$

式中，N_a 为 AGC 机组数目；c_i 为 AGC 机组 i 的发电成本系数；p_i 为 AGC 机组 i 的运行基点；$\hat{c}_i$、$\breve{c}_i$ 为 AGC 机组 i 提供上调备用和下调备用的成本系数；$\Delta \hat{p}_i^{\max}$、$\Delta \breve{p}_i^{\max}$ 为 AGC 机组 i 所需提供的最大上调容量与最大下调容量，即 AGC 机组 i 的上调、下调备用容量；M 为风电接入节点数目；θ^u、θ^l 为两类风电接纳 CVaR 的成本系数；$w_m^{\max}$ 为风电接入节点 m 的风电功率最大值；w_m^u、w_m^l 为节点 m 风电可接纳范围的上、下限值；x_m 为节点 m 风电接入的实际功率（随机量）；$P_r^m (x_m)$ 为 x_m 的概率密度函数。

2. 约束条件

在目标函数的优化过程中需满足如下约束条件。

（1）运行基点功率平衡约束

$$
\sum_{i=1}^{N_a} p_i + \sum_{m=1}^{M} \hat{w}_m = \sum_{j=1}^{N_d} d_j - D
\tag{4.28}
$$

式中，$\hat{w}_m$ 为节点 m 风电功率的预测值；N_d 为负荷节点数目；d_j 为负荷节点 j 上的负荷量；D 为由非 AGC 机组承担的负荷量，此处为确定值。

（2）AGC 机组备用容量约束

$$
\Delta \hat{p}_i^{\max} \geqslant \alpha_i \sum_{m=1}^{M} \Delta \hat{w}_m^{\max}, \quad i = 1, 2, \cdots, N_a
\tag{4.29}
$$

$$
\Delta \breve{p}_i^{\max} \geqslant \alpha_i \sum_{m=1}^{M} \Delta \hat{w}_m^{\max}, \quad i = 1, 2, \cdots, N_a
\tag{4.30}
$$

式中，α_i 为 AGC 机组 i 的参与因子，所有 AGC 机组的参与因子之和应为 1；$\Delta \hat{w}_m^{\max}$、$\Delta \breve{w}_m^{\max}$ 为节点 m 所允许的风电功率向上、向下的最大扰动量。

（3）AGC 机组最大向上、向下调整能力约束

$$
0 \leqslant \Delta \hat{p}_i^{\max} \leqslant \Delta \vec{p}_i^{\max}, \quad i = 1, 2, \cdots, N_a
\tag{4.31}
$$

$$
0 \leqslant \Delta \breve{p}_i^{\max} \leqslant \Delta \overleftarrow{p}_i^{\max}, \quad i = 1, 2, \cdots, N_a
\tag{4.32}
$$

式中，$\Delta \overleftarrow{p}_i^{\max}$、$\Delta \vec{p}_i^{\max}$ 为 AGC 机组 i 所能提供的最大向上、向下调整量。

（4）AGC 机组输出功率范围约束

$$p_i - \Delta \check{p}_i^{\max} \geqslant p_i^{\min}, \quad i = 1, 2, \cdots, N_a \tag{4.33}$$

$$p_i + \Delta \hat{p}_i^{\max} \leqslant p_i^{\max}, \quad i = 1, 2, \cdots, N_a \tag{4.34}$$

式中，$p_i^{\max}$、$p_i^{\min}$为 AGC 机组 i 的最大、最小技术出力值。

（5）机组运行基点变化速率约束

$$-r_{d,i} \leqslant p_i - p_i^0 \leqslant r_{u,i}, \quad i = 1, 2, \cdots, N_a \tag{4.35}$$

式中，p_i^0 为 AGC 机组 i 输出功率的初值；$r_{d,i}$、$r_{u,i}$ 为 AGC 机组 i 运行基点在调度时间间隔内的上调、下调最大限值。

（6）支路潮流约束

支路潮流约束可表述为

$$\sum_{i=1}^{N_a} M_{il}(p_i + \Delta \tilde{p}_i) + \sum_{m=1}^{M} M_{ml}(\hat{w}_m + \Delta \tilde{w}_m) \geqslant -T_{n,l}^{\max} \tag{4.36}$$

$$\sum_{i=1}^{N_a} M_{il}(p_i + \Delta \tilde{p}_i) + \sum_{m=1}^{M} M_{ml}(\hat{w}_m + \Delta \tilde{w}_m) \leqslant T_{p,l}^{\max} \tag{4.37}$$

式中，$l = 1, 2, \cdots, L$；M_{il} 为 AGC 机组 i 对支路 l 的功率转移分布因子；$\Delta \tilde{p}_i$ 为 AGC 机组 i 的输出功率调整量；M_{ml} 为风电接入节点 m 对支路 l 的功率转移分布因子；$\Delta \tilde{w}_m$ 为节点 m 接入风电功率的扰动量；$T_{n,l}^{\max}$、$T_{p,l}^{\max}$ 分别表示支路 l 两个方向的传输功率上限，其值已经扣除非 AGC 机组及确定性负荷所占用的传输容量。

考虑到 AGC 备用调整与风电扰动之间的仿射对应关系（详细解释见第 3 章），式（4.36）及式（4.37）可转化为

$$\sum_{m=1}^{M} \left(M_{ml} + \sum_{i=1}^{N_a} M_{il} \alpha_i \right) \Delta \tilde{w}_m \geqslant -T_{n,l}^{\max} - \sum_{i=1}^{N_a} M_{il} p_i - \sum_{m=1}^{M} M_{ml} \hat{w}_m, \quad l = 1, 2, \cdots, L \tag{4.38}$$

$$\sum_{m=1}^{M} \left(M_{ml} + \sum_{i=1}^{N_a} M_{il} \alpha_i \right) \Delta \tilde{w}_m \leqslant T_{p,l}^{\max} - \sum_{i=1}^{N_a} M_{il} p_i - \sum_{m=1}^{M} M_{ml} \hat{w}_m, \quad l = 1, 2, \cdots, L \tag{4.39}$$

显然，要保证实时调度的鲁棒性，需保证风电注入功率 x_m 在如下范围内变化时，式（4.38）、式（4.39）均可满足：

$$w_m^l \leqslant x_m \equiv \hat{w}_m + \Delta \tilde{w}_m \leqslant w_m^u, \quad m = 1, 2, \cdots, M \tag{4.40}$$

综上，式（4.27）~式（4.35）、式（4.38）、式（4.39）构成了式（4.40）范围内的计及风电随机统计特性的风电消纳有效安全域优化模型。

4.2.4　模型可解化处理

1. 目标函数线性化

由于式（4.23）所示目标函数中存在 CVaR 的积分表达，难以直接对模型进行求解。为此，借鉴参考文献［52］中的分段线性化手段，采用图 4.6 所示方法对每个风电接入节点的 CVaR 指标进行线性化处理。需要说明的是，该线性化方法适用

于概率密度函数在期望值左右具有单调性（左侧单增，右侧单减）的风电功率分布情况，对概率密度函数是否以风电期望值为中心呈对称分布没有要求。

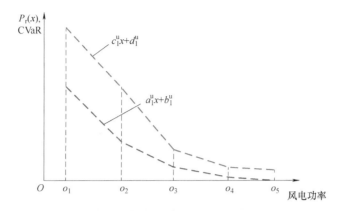

图 4.6　分段线性化方法示意图

结合图 4.6 所示概率密度函数的右半部分，CVaR 指标的线性化步骤如下。

1）将横坐标 $\hat{w}$ 与 $w^{\max}$ 间部分进行均分，获得坐标 $o_s, s = 1, 2, \cdots, S^{u}$，图 4.6 示例中 $S^{u} = 5$；

2）通过已知的概率密度函数（图 4.6 中上方曲线）获得各个分段点对应的概率值 $P_r(o_s)$，并在此基础上，获得概率密度函数的分段线性化函数：

$$P_{rs}(x) = c_s^{u} x + d_s^{u}, \quad o_s \leqslant x \leqslant o_{s+1}, s = 1, 2, \cdots, S^{u} - 1 \tag{4.41}$$

式中，c_s^{u}、d_s^{u} 为概率密度函数上线段 s（以线段始端点编号对线段编号，共 $S^{u} - 1$ 段）的系数，可根据线段 s 起点与终点的概率值求出，优化时为已知量。

3）根据式（4.41）及式（4.24），可获得任一分段点 o_s 至 $w^{\max}$ 的近似 CVaR 值，如式（4.42）所示：

$$\phi(o_s) = \sum_{s}^{S^{u} - 1} \int_{o_s}^{o_{s+1}} (c_s^{u} x + d_s^{u})(x - o_s) \mathrm{d}x, s = 1, 2, \cdots, S^{u} - 1 \tag{4.42}$$

4）根据式（4.42）获得 CVaR 任一分段点上的 CVaR 值，形成 CVaR 近似分段线性函数曲线（图 4.6 中下方曲线）：

$$\phi(x) = a_s^{u} x + b_s^{u}, \quad o_s \leqslant x \leqslant o_{s+1}, s = 1, 2, \cdots, S^{u} - 1 \tag{4.43}$$

式中，a_s^{u}、b_s^{u} 为 CVaR 近似分段线性函数曲线上线段 s 的系数，可由其起点与终点的 CVaR 值求出，优化时为已知量。

进而，根据式（4.43）表示的 CVaR 的近似分段线性曲线，可以方便地计算出 w^{u} 在 $\hat{w}$ 至 $w^{\max}$ 任一点时节点的 CVaR 指标。由此，目标函数式（4.27）中的第一个非线性积分项（对应图 4.5 右侧阴影部分）可转化为如下形式：

$$E^{\mathrm{u}} = \theta^{\mathrm{u}} \sum_{m=1}^{M} \sum_{s=1}^{S^{\mathrm{u}}-1} \left(a_{m,s}^{\mathrm{u}} x_{m,s}^{\mathrm{u}} + b_{m,s}^{\mathrm{u}} U_{m,s}^{\mathrm{u}} \right) \tag{4.44}$$

$$\begin{cases} w_m^{\mathrm{u}} = \displaystyle\sum_{s=1}^{S^{\mathrm{u}}-1} \left(x_{m,s}^{\mathrm{u}} \right), m = 1, 2, \cdots, M \\[2mm] \displaystyle\sum_{s=1}^{S^{\mathrm{u}}-1} \left(U_{m,s}^{\mathrm{u}} \right) = 1, m = 1, 2, \cdots, M \\[2mm] o_{m,s}^{\mathrm{u}} U_{m,s}^{\mathrm{u}} \leqslant x_{m,s}^{\mathrm{u}} \leqslant o_{m,s+1}^{\mathrm{u}} U_{m,s}^{\mathrm{u}}, m = 1, 2, \cdots, M, s = 1, 2, \cdots, S^{\mathrm{u}} - 1 \end{cases} \tag{4.45}$$

式中，S^{u} 表示将概率密度函数曲线 $P_{\mathrm{r}}(x)$ 上 $\hat{w}$ 至 $w^{\max}$ 之间部分进行均分获得的坐标下标数；$a_{m,s}^{\mathrm{u}}$、$b_{m,s}^{\mathrm{u}}$ 为节点 m 风电接纳 CVaR（右侧）线性分段函数曲线第 s 段的线性化系数；$o_{m,s}^{\mathrm{u}}$、$o_{m,s+1}^{\mathrm{u}}$ 为线段 s 左右端点对应的风电功率值；$U_{m,s}^{\mathrm{u}}$ 为标识实际风电功率是否位于线段 s 的 0-1 变量；w_m^{u} 为 m 节点风电功率接纳范围的右边界；$x_{m,s}^{\mathrm{u}}$ 为 w_m^{u} 在线段 s 内的取值。

同理，可用该方法将目标函数式（4.27）中的第二个非线性积分项（对应图 4.5 左侧阴影部分）转化为如下表达形式：

$$E^{\mathrm{l}} = \theta^{\mathrm{l}} \sum_{m=1}^{M} \sum_{s=1}^{S^{\mathrm{l}}-1} \left(a_{m,s}^{\mathrm{l}} x_{m,s}^{\mathrm{l}} + b_{m,s}^{\mathrm{l}} U_{m,s}^{\mathrm{l}} \right) \tag{4.46}$$

$$\begin{cases} w_m^{\mathrm{l}} = \displaystyle\sum_{s=1}^{S^{\mathrm{l}}-1} \left(x_{m,s}^{\mathrm{l}} \right), m = 1, 2, \cdots, M \\[2mm] \displaystyle\sum_{s=1}^{S^{\mathrm{l}}-1} \left(U_{m,s}^{\mathrm{l}} \right) = 1, m = 1, 2, \cdots, M \\[2mm] o_{m,s}^{\mathrm{l}} U_{m,s}^{\mathrm{l}} \leqslant x_{m,s}^{\mathrm{l}} \leqslant o_{m,s+1}^{\mathrm{l}} U_{m,s}^{\mathrm{l}}, m = 1, 2, \cdots, M, s = 1, 2, \cdots, S^{\mathrm{l}} - 1 \end{cases} \tag{4.47}$$

式中，S^{l} 表示将概率密度函数曲线 $P_{\mathrm{r}}(x)$ 上 0 至 $\hat{w}$ 之间部分进行均分获得的坐标下标数；$a_{m,s}^{\mathrm{l}}$、$b_{m,s}^{\mathrm{l}}$ 为节点 m 风电接纳 CVaR（左侧）分段线性函数曲线第 s 段的线性化系数；$o_{m,s}^{\mathrm{l}}$、$o_{m,s+1}^{\mathrm{l}}$ 为线段 s 左右端点对应的风电功率值；$U_{m,s}^{\mathrm{l}}$ 为标识实际风电功率是否位于线段 s 的 0-1 变量；w_m^{l} 为 m 节点风电功率接纳范围的左边界；$x_{m,s}^{\mathrm{l}}$ 为 w_m^{l} 在线段 s 内的取值。

由此，根据式（4.44）~ 式（4.47），即可实现对目标函数式（4.27）中积分变限函数表达式的分段线性化处理。

2. 约束中不确定参量的处理

在所构建的优化模型中，线路传输容量约束不但包含需要优化的决策变量，还含有不确定的参量 $\Delta \tilde{w}_{m,t}$。这些包含不确定参量的约束当且仅当其中的不确定参量取极端值。

此处同样采用 Soyster 方法进行处理，在式（4.40）所示的扰动接纳范围内，将式（4.38）、式（4.39）等价转化为确定约束式（4.48）、式（4.49）。

$$\begin{cases} \sum_{m=1}^{M} \left[\left(M_{ml} + \sum_{i=1}^{N_a} M_{il}\alpha_i \right) \Delta\widehat{w}_m^{\max} + \lambda_{ml}^{\mathrm{dn}} \right] \geqslant \\ \qquad - T_{p,l}^{\max} - \sum_{i=1}^{N_a} M_{il}p_i - \sum_{m=1}^{M} M_{ml}\hat{w}_m, m=1,2,\cdots,M \\ \lambda_{ml}^{\mathrm{dn}} \leqslant - \left(M_{ml} + \sum_{i=1}^{N_a} M_{il}\alpha_i \right) \left(\Delta\widehat{w}_m^{\max} + \Delta\breve{w}_m^{\max} \right), m=1,2,\cdots,M \\ \lambda_{ml}^{\mathrm{dn}} \leqslant 0, m=1,2,\cdots,M \end{cases} \quad (4.48)$$

$$\begin{cases} \sum_{m=1}^{M} \left[\left(M_{ml} + \sum_{i=1}^{N_a} M_{il}\alpha_i \right) \left(-\Delta\breve{w}_m^{\max} \right) + \lambda_{ml}^{\mathrm{up}} \right] \leqslant \\ \qquad T_{p,l}^{\max} - \sum_{i=1}^{N_a} M_{il}p_i - \sum_{m=1}^{M} M_{ml}\hat{w}_m, m=1,2,\cdots,M \\ \lambda_{ml}^{\mathrm{up}} \geqslant \left(M_{ml} + \sum_{i=1}^{N_a} M_{il}\alpha_i \right) \left(\Delta\widehat{w}_m^{\max} + \Delta\breve{w}_m^{\max} \right), m=1,2,\cdots,M \\ \lambda_{ml}^{\mathrm{up}} \geqslant 0, m=1,2,\cdots,M \end{cases} \quad (4.49)$$

式中，$\lambda_{ml}^{\mathrm{up}}$、$\lambda_{ml}^{\mathrm{dn}}$ 分别为正向、反向支路潮流约束的附加决策变量。

在参与因子事先给定的情况下，容易看出，上述转化后模型构成了混合线性整数优化问题，可直接采用 CPLEX 等商用求解器进行求解。而当参与因子被视为决策变量时，模型则存在双线性项，形成非线性混合整数规划问题，下文将对其求解方法进行讨论。

3. 参与因子与运行基点的协调优化

为了进一步完善决策结果，从参与因子取值优化的角度出发，将 AGC 机组的参与因子与运行基点同时作为变量进行决策。此时，约束式（4.29）、式（4.30）和约束式（4.48）、式（4.49）中将出现双线性项，形成双线性规划问题。为此，这里给出交替迭代法和 Big-M 法两种方法对双线性项进行处理，实现模型的有效求解。

（1）交替迭代法

为实现 AGC 机组运行基点及参与因子的联合优化，考虑 AGC 机组参与因子变化不大的特性，可以利用如图 4.7 所示的启发式算法[53]，对优化模型进行交替迭代求解。

求解过程为

1）将参与因子固定，求解实时调度优化模型，作为第一层线性优化问题，优化 AGC 机组运

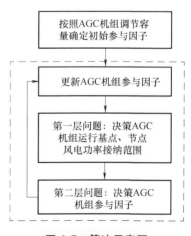

图 4.7　算法示意图

行基点和各节点的风电消纳有效安全域边界；

2）固定基点和扰动范围边界，优化 AGC 机组参与因子，作为第二层线性优化问题，得到新的参与因子值。

求解时，对两层线性优化问题进行交替迭代求解，当两层问题获得的参与因子之差小于 0.001 时，跳出循环，从而，实现对 AGC 机组运行基点及其参与因子的联合优化。

这种求解方法将原来的双线性规划问题转化为两个线性优化问题的迭代求解，方便简单，但其解是否是全局最优的，并没有得到证实。然而，因为发电机组参与因子的变化范围较小，因此，以参与因子固定启动，寻求其附近的解，一般可以获得相对较好的优化效果且收敛速度较快。

（2）Big-M 法

与交替迭代方法不同，Big-M 方法具有更加可靠的数学依据，其解的有效性也可以得到保证。当参与因子作为决策变量出现在模型中时，约束中的非线性项将由参与因子 α_i 与节点允许的接入风电功率的最大向上、向下扰动量 $\Delta \hat{w}_m^{max}$、$\Delta \breve{w}_m^{max}$ 相乘构成，为两个连续变量相乘的双线性形式。为了便于 Big-M 方法处理，需将双线性项中的一个连续变量离散化，构成 Big-M 法可以直接处理的标准形式，进而，通过添加松弛变量和相应的附加约束，实现非线性项的线性转换，具体过程如下[44]。

1）连续性风电功率扰动量的离散化。考虑到在本小节标题 1 对 CVaR 指标分段线性化的过程中，已经引入了风电功率的分段点，因此，这里依旧选取这些点作为风电功率的离散点（当然，若是选择对参与因子实施离散化也是可以的）。

此时，对于风电功率有如下离散化表达形式：

$$x_{m,s}^u = \beta_{m,s}^+ o_{m,s}^u + \beta_{m,s}^- o_{m,s+1}^u, \beta_{m,s}^+ \in \{0,1\}, \beta_{m,s}^- \in \{0,1\} \quad (4.50)$$

$$x_{m,s}^l = \eta_{m,s}^+ o_{m,s}^l + \eta_{m,s}^- o_{m,s+1}^l, \eta_{m,s}^+ \in \{0,1\}, \eta_{m,s}^- \in \{0,1\} \quad (4.51)$$

式中，$\beta_{m,s}^+$、$\beta_{m,s}^-$、$\eta_{m,s}^+$、$\eta_{m,s}^-$ 为引入的离散松弛变量，取值为 0 或 1。为保证风电功率的唯一性，还需要对新引入的离散松弛变量作如下限制：

$$\beta_{m,s}^+ + \beta_{m,s}^- = U_{m,s}^u \quad (4.52)$$

$$\eta_{m,s}^+ + \eta_{m,s}^- = U_{m,s}^l \quad (4.53)$$

式中，$U_{m,s}^u$、$U_{m,s}^l$ 与式（4.45）、式（4.47）中相应变量具有相同含义。

由此，可以得到连续性风电功率扰动量 $\Delta \hat{w}_m^{max}$、$\Delta \breve{w}_m^{max}$ 的离散化表达形式，如式（4.54）所示：

$$\Delta \hat{w}_m^{max} = \sum_{s=1}^{S^u-1} x_{m,s}^u - \hat{w}_m = \sum_{s=1}^{S^u-1} (\beta_{m,s}^+ o_{m,s}^u + \beta_{m,s}^- o_{m,s+1}^u) - \hat{w}_m \quad (4.54)$$

$$\Delta \breve{w}_m^{max} = \hat{w}_m - \sum_{s=1}^{S^l-1} x_{m,s}^l = \hat{w}_m - \sum_{s=1}^{S^l-1} (\eta_{m,s}^+ o_{m,s}^l + \eta_{m,s}^- o_{m,s+1}^l) \quad (4.55)$$

2）AGC 机组备用容量约束的处理。通过上一步骤中得到的风电扰动量的离散

化表达，AGC 机组的备用容量约束式（4.29）和式（4.30）可转化为

$$\Delta \hat{p}_i^{\max} \geqslant \alpha_i \sum_{m=1}^{M} \left(\hat{w}_m - \sum_{s=1}^{S^1-1} (\eta_{m,s}^+ o_{m,s}^1 + \eta_{m,s}^- o_{m,s+1}^1) \right) \tag{4.56}$$

$$\Delta \breve{p}_i^{\max} \geqslant \alpha_i \sum_{m=1}^{M} \left(\sum_{s=1}^{S^u-1} (\beta_{m,s}^+ o_{m,s}^u + \beta_{m,s}^- o_{m,s+1}^u) - \hat{w}_m \right) \tag{4.57}$$

上述两式存在连续变量与离散变量相乘的形式，符合 Big-M 方法应用的标准格式，可通过在模型中添加附加约束：

$$\begin{cases} \sigma_{i,m,s}^+ = \alpha_i \eta_{m,s}^+ \\ \sigma_{i,m,s}^+ \leqslant \alpha_i \\ \sigma_{i,m,s}^+ \leqslant M \eta_{m,s}^+ \\ \sigma_{i,m,s}^+ \geqslant \alpha_i - M(1 - \eta_{m,s}^+) \\ \sigma_{i,m,s}^+ \geqslant 0 \\ \eta_{m,s}^+ \in \{0,1\} \end{cases} \tag{4.58}$$

$$\begin{cases} \sigma_{i,m,s}^- = \alpha_i \eta_{m,s}^- \\ \sigma_{i,m,s}^- \leqslant \alpha_i \\ \sigma_{i,m,s}^- \leqslant M \eta_{m,s}^- \\ \sigma_{i,m,s}^- \geqslant \alpha_i - M(1 - \eta_{m,s}^-) \\ \sigma_{i,m,s}^- \geqslant 0 \\ \eta_{m,s}^- \in \{0,1\} \end{cases} \tag{4.59}$$

$$\begin{cases} \rho_{i,m,s}^+ = \alpha_i \beta_{m,s}^+ \\ \rho_{i,m,s}^+ \leqslant \alpha_i \\ \rho_{i,m,s}^+ \leqslant M \beta_{m,s}^+ \\ \rho_{i,m,s}^+ \geqslant \alpha_i - M(1 - \beta_{m,s}^+) \\ \rho_{i,m,s}^+ \geqslant 0 \\ \beta_{m,s}^+ \in \{0,1\} \end{cases} \tag{4.60}$$

$$\begin{cases} \rho_{i,m,s}^- = \alpha_i \beta_{m,s}^- \\ \rho_{i,m,s}^- \leqslant \alpha_i \\ \rho_{i,m,s}^- \leqslant M \beta_{m,s}^- \\ \rho_{i,m,s}^- \geqslant \alpha_i - M(1 - \beta_{m,s}^-) \\ \rho_{i,m,s}^- \geqslant 0 \\ \beta_{m,s}^- \in \{0,1\} \end{cases} \tag{4.61}$$

将约束式（4.56）、约束式（4.57）等效转化为

$$\Delta \widehat{p}_{i,t}^{\max} \geqslant \sum_{m=1}^{M} \left(\alpha_i \widehat{w}_m - \sum_{s=1}^{S^1-1} (\sigma_{i,m,s}^+ o_{m,s}^1 + \sigma_{i,m,s}^- o_{m,s+1}^1) \right) \tag{4.62}$$

$$\Delta \widecheck{p}_{i,t}^{\max} \geqslant \sum_{m=1}^{M} \left(\sum_{s=1}^{S^u-1} (\rho_{i,m,s}^+ o_{m,s}^u + \rho_{i,m,s}^- o_{m,s+1}^u) - \alpha_i \widehat{w}_m \right) \tag{4.63}$$

在式（4.58）~式（4.63）中，M 为给定大值（相比较于其他值明显较大）。这一转化过程的有效性，可以通过将 $\beta_{m,s}^+$、$\beta_{m,s}^-$、$\eta_{m,s}^+$、$\eta_{m,s}^-$ 的不同取值（0 或 1）代入，进行验证，代入过程也将有助于对 Big-M 方法的理解。

3）支路潮流约束的处理。同理，在附加约束式（4.58）~式（4.61）的作用下，可将支路潮流约束式（4.44）和式（4.45）整理为

$$\sum_{m=1}^{M} (M_{ml} \Delta \widehat{w}_m^{\max} + \lambda_{ml}^{\mathrm{dn}}) + \sum_{m=1}^{M} \sum_{i=1}^{N_a} M_{il} \left(\sum_{s=1}^{S^u-1} (\rho_{i,m,s}^+ o_{m,s}^u + \rho_{i,m,s}^- o_{m,s+1}^u) - \alpha_i \widehat{w}_m \right) \geqslant$$
$$-T_{n,l}^{\max} - \sum_{i=1}^{N_a} M_{il} p_i - \sum_{m=1}^{M} M_{ml} \widehat{w}_m \tag{4.64}$$

$$\lambda_{ml}^{\mathrm{dn}} \leqslant -M_{ml} (\Delta \widehat{w}_m^{\max} + \Delta \widecheck{w}_m^{\max})$$
$$-\sum_{i=1}^{N_a} M_{il} \left(\sum_{s=1}^{S^u-1} (\rho_{i,m,s}^+ o_{m,s}^u + \rho_{i,m,s}^- o_{m,s+1}^u) - \sum_{s=1}^{S^1-1} (\sigma_{i,m,s}^+ o_{m,s}^1 + \sigma_{i,m,s}^- o_{m,s+1}^1) \right) \tag{4.65}$$

$$\sum_{m=1}^{M} (-M_{ml} \Delta \widecheck{w}_m^{\max} + \lambda_{ml}^{\mathrm{up}}) + \sum_{m=1}^{M} \sum_{i=1}^{N_a} M_{il} \left(\alpha_i \widehat{w}_m - \sum_{s=1}^{S^1-1} (\sigma_{i,m,s}^+ o_{m,s}^1 + \sigma_{i,m,s}^- o_{m,s+1}^1) \right) \leqslant$$
$$T_{p,l}^{\max} - \sum_{i=1}^{N_a} M_{il} p_i - \sum_{m=1}^{M} M_{ml} \widehat{w}_m \tag{4.66}$$

$$\lambda_{ml}^{\mathrm{up}} \geqslant M_{ml} (\Delta \widehat{w}_m^{\max} + \Delta \widecheck{w}_m^{\max})$$
$$+\sum_{i=1}^{N_a} M_{il} \left(\sum_{s=1}^{S^u-1} (\rho_{i,m,s}^+ o_{m,s}^u + \rho_{i,m,s}^- o_{m,s+1}^u) - \sum_{s=1}^{S^1-1} (\sigma_{i,m,s}^+ o_{m,s}^1 + \sigma_{i,m,s}^- o_{m,s+1}^1) \right) \tag{4.67}$$

通过上述变换，模型构成了 0-1 混合整数线性优化问题，可利用现有商用求解器方便求解。

4.2.5　算例分析

本小节将通过对简单 6 节点系统的测试计算来验证前文所提方法的有效性，并对影响风电接纳范围的因素进行了灵敏度分析；通过对 IEEE 118 节点系统的测试计算，验证了算法的计算效率能够满足工程需要。

测试计算采用 GAMS CPLEX 求解器进行求解，计算机配置为英特尔 Xeon E31200 v2 系列，主频 3.1GHz，内存 8GB。

1. 固定参与因子的简单 6 节点系统算例分析

本部分内容按照各 AGC 机组调节容量之比设置固定的参与因子，着重对本节

所提方法的准确性、有效性及计算效率进行验证。需要说明的是，参与因子的设置方式并不唯一，除了此处采用的设置方式外，还可以依照经济性指标[54]等原则进行设置，体现各发电机组的发电成本系数和备用成本系数对于 AGC 机组备用量与调节量的影响。

（1）算例介绍

本部分内容所采用的简单 6 节点测试系统结构图与第 3 章算例分析中的 6 节点系统一致，只是在 5 节点、6 节点分别接入 1 个风电场，如图 4.8 所示，系统共有 3 台机组，均作为 AGC 机组使用，参数设定见表 4.5。

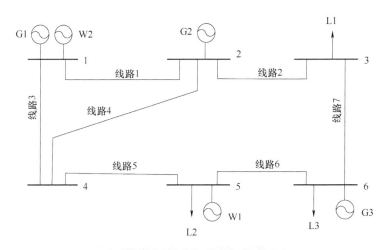

图 4.8　6 节点系统 2 风电场接线图

表 4.5　6 节点系统机组参数

编号	节点	功率上限	功率下限	发电成本	参与因子	调节容量	初始功率
1	1	2.0	1.0	1.05	0.445	0.150	1.5
2	2	1.5	0.5	1.00	0.332	0.112	1.0
3	6	1.0	0.2	1.10	0.223	0.075	0.6

注：表中数据均为标幺值，功率基准值为 100MW，成本基准值为 400 元/（MW·h），备用成本设为发电成本的 10%，参与因子按照各 AGC 机组调节容量之比设置。

系统在 3、5、6 节点接有负荷，在 1、5 节点处各有装机容量为 50MW 的风电场并网发电，为了便于测试，假设风电场输出功率误差服从正态分布[55,56]。在调度目标时段内，风电场 1 的输出功率期望值为 30.31MW，风电场 2 的输出功率期望值为 22.58MW，预测标准差与期望之比设为 20%[57]。风电接纳 CVaR 对应的成本系数设置参考文献［58］，在出现弃风情况时设为 300 元/（MW·h），出现甩负荷情况时设为 3000 元/（MW·h）。

（2）结算结果分析

对 6 节点测试系统进行计算，所得结果见表 4.6。

表 4.6 AGC 机组运行状态

机组编号	节点	运行基点	向下调节范围	向上调节范围
1	1	1.3500	0.06337	0.11767
2	2	0.8875	0.04728	0.08779
3	6	0.5427	0.03176	0.05897

在表 4.6 所示的 AGC 机组运行基点配置情况下，6 节点系统的发电成本与备用成本之和为 9673.38 元，风电接纳 CVaR 成本为 141.65 元，调度总成本为 9844.31 元。

根据风电场发出功率的预测结果及其误差概率分布假设，用蒙特卡洛方法模拟各个风电接入节点的注入功率，验证所得各节点风电接纳范围对风电功率扰动的覆盖能力，计算结果如图 4.9 所示。

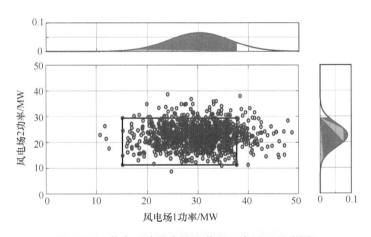

图 4.9 6 节点系统风电接纳范围示意图（见彩图）

在图 4.9 中，黄色矩形区域是由 2 个风电接入节点风电接纳区间共同构成的系统风电接纳范围；蓝色圆点是进行 1000 次蒙特卡洛模拟抽取的风电注入功率点；横、纵坐标轴叠加的小图表示两个维度上相互独立的风电功率概率密度函数；粉色区域是节点风电接纳区间的覆盖范围。

在该调度时段内，风电接入节点 5 对风电场 1 的接纳区间为 [15.153MW，37.691MW]，根据其风电概率密度函数，能以 88.22% 的概率覆盖风电功率扰动；风电接入节点 1 对风电场 2 的接纳区间为 [11.290MW，29.435MW]，根据其风电概率密度函数，能以 92.93% 的概率覆盖风电功率扰动范围。

经计算验证，在蒙特卡洛模拟抽取的 1000 个风电注入功率点中，有 84.27% 的点落在系统允许的风电扰动范围内，说明按照本章方法的调度结果进行 AGC 机组配置，整个系统能以 84.27% 的概率应对各种组合情况下的风电功率扰动，接近理论计算的结果，即 81.98%（这里的误差主要是由于蒙特卡洛抽样次数有限导致的）。

此外，在图 4.9 中，风电接纳范围左侧及下侧的不可接纳样本数较少，说明系统对于高估风电功率的功率预测偏差具有更强的覆盖能力，这是由于在实际运行中，切负荷对应的风险成本系数远高于弃风所对应的风险成本系数，调度结果着重应对了切负荷的风险，体现了调度决策在应对风险时的倾向性。

（3）最大有效安全域方法决策结果

将本节所提方法所得调度结果与最大有效安全域方法所得调度结果进行对比，如图 4.10 所示。其中，在对最大有效安全域方法的测试中，设各风电接入节点注入功率的扰动范围为功率预测值正负 3 个标注差构成的区间。

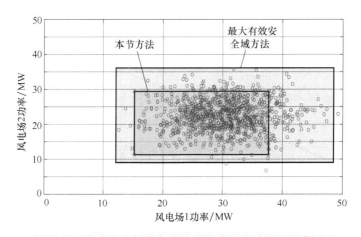

图 4.10　本节方法与最大有效安全域方法对比（见彩图）

图 4.10 中，按最大有效安全域方法，得到红色矩形区域表示的有效安全域，可以以 99.70% 的概率覆盖蒙特卡洛模拟抽取的 1000 个风电注入功率点（未覆盖部分是由于扰动区域按 3 个标注差原则给出导致），但其调度总成本达到了 10253.70 元，高出本节方法 4.16%，调度结果经济性欠佳。这是由于最大有效安全域方法在决策时没有考虑风电的概率分布特征，得到的风电功率接纳区间尽力覆盖所有的扰动情况，从而为一些极小概率事件提高了系统的发电成本和备用成本，影响了系统运行整体的经济性。

由此可知，本节方法获得的节点风电消纳有效安全域具有统计优性，能够重点覆盖对系统运行造成较大影响的扰动情况，如甩负荷，所得调度总的期望成本与最大有效安全域法相比较小。

（4）源、网参数变化对决策结果的影响分析

针对含风电场 6 节点算例系统，通过改变与源、网特性相关的参量，如支路传输容量、AGC 机组最大调节容量及参与因子，分析这些变化对本节方法所得调度结果的影响。

1）支路传输容量的影响。在算例的计算中发现，系统对风电功率扰动的接纳范围受线路 5 的正向潮流约束限制，为了说明支路传输容量限制对风电接纳范围的影响，改变线路 5 的最大传输容量限制值，由 90MW 扩容至 130MW，得到各节点风电功率接纳范围大小及相应的总调度成本变化趋势如图 4.11 所示。

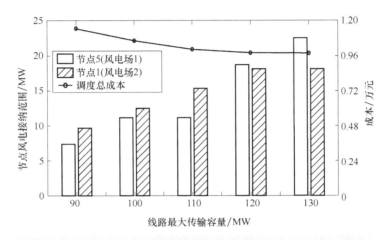

图 4.11 线路不同传输容量对应的风电接纳范围大小及调度总成本

图 4.11 中，随着线路 5 的最大传输容量不断提高，调度总成本由 11476.09 元不断下降至 9779.34 元，下降 14.79%，各节点的风电功率接纳范围大小均明显增大。说明本节所提出的方法可以有效反映支路传输容量约束对于决策结果的影响，同时说明提升关键线路的传输容量对于提高系统的扰动平抑能力有着重要的作用。

2）AGC 机组调节能力的影响。在实时调度问题中，受物理条件的限制，每台 AGC 机组所能提供的调节能力有限。通过改变 AGC 机组 1 的最大调节容量，得到各节点风电功率接纳范围如图 4.12 所示。

由图 4.12 可知，随着 AGC 机组 1 的最大调节容量增大，调度总成本由 10157.19 元不断下降至 9435.57 元，下降 7.10%。与此同时，节点 1 及节点 5 的风电功率接纳范围均有不同程度的增长。

由此可见，本节方法能够正确反映各节点风电接纳能力与各 AGC 机组调节能力的对应关系，进而，通过在调度中充分设置、合理利用系统的备用容量，增强 AGC 机组的调节灵活性，可达到减少调度总成本、提升系统抗扰动能力、增强系统对新能源消纳能力的目的。

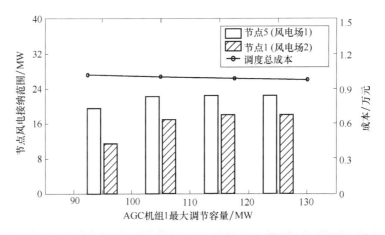

图 4.12　机组 1 不同最大调节容量对应的风电接纳范围大小及调度总成本

3）参与因子的影响。参与因子能够反映各 AGC 机组在平抑风电功率扰动时的贡献度，对决策结果有着显著的影响。图 4.13 给出了两种不同参与因子配置情况下（按均匀分配与按调节能力分配）各节点风电功率接纳范围的大小。

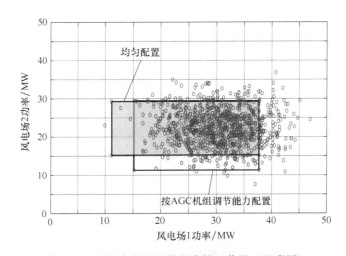

图 4.13　不同参与因子的风电接纳范围（见彩图）

在图 4.13 中，参与因子均匀配置时，各 AGC 机组以相同的贡献度进行风电功率扰动平抑，风电接入节点 5 对风电场 1 的接纳区间能以 88.76% 的概率覆盖风电功率扰动；风电接入节点 1 对风电场 2 的接纳区间能以 87.94% 的概率覆盖风电功率扰动范围；两者构成的绿色矩形区域以 79.90% 的概率覆盖蒙特卡洛模拟抽取的 1000 个风电注入功率点。与按 AGC 机组调节容量之比配置参与因子的情况相比，均匀配置参与因子的方式会减弱系统对风电扰动的覆盖能力，说明参与因子的配置方式会直接影响模型的调度结果。

2. 固定参与因子的 118 节点系统多风电场算例分析

由前一部分内容可知，模型的计算效率与线性化过程的分段数以及系统中的风电场数量有关。本节利用 IEEE 118 节点系统多风电场算例对这两种因素的影响程度进行了测试。

（1）算例介绍

本部分内容所采用的 IEEE 118 节点测试系统的结构图与第 3 章算例分析中的 IEEE 118 节点系统一致，并设此系统中共有 3 个节点存在风电接入。在概率密度函数单侧采用 4 分段线性化的情况下，通过对算例系统的测试，程序总的计算时间为 0.688s，说明本节方法在预先给定参与因子分配方式的情况下，由于保持了调度模型的线性性质，计算效率较高，能够满足实际系统的计算效率要求。

（2）分段数影响

当各节点风电功率的概率密度函数在期望值单侧的线性分段数为 4、6、8、10、12、14、16 时，系统总风电接纳 CVaR 成本及运算时间变化如图 4.14 所示。

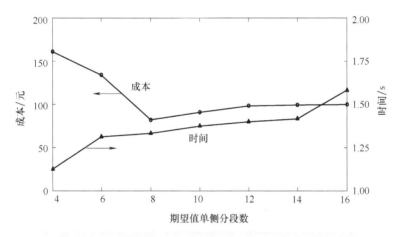

图 4.14　118 节点系统总风电接纳 CVaR 成本及运算时间

由测试结果可以看出，随着期望值单侧线性分段数由 4 增加到 16，系统的风电接纳 CVaR 成本从 160.99 元开始下降，最终稳定在 100 元左右较小的范围内，说明线性化方法所得各风电接入节点的近似 CVaR 指标精度较高，能够较为准确地描述风电功率预测误差给调度带来的风险损失。这一过程中，虽然模型的运算时间有所增加，但总体变化幅度不超过 0.442s（39.08%），不会明显增加计算负担，符合实际工程的应用需求。

（3）风电场接入数量的影响

当 IEEE 118 节点系统内接入的风电场数量分别为 5、10、15、20、25 时，系统的运算时间变化如图 4.15 所示。

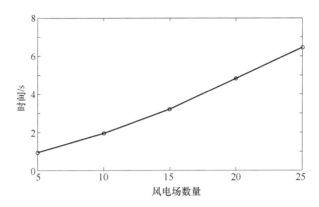

图 4.15   IEEE 118 节点系统运算时间

从测试结果可以看出，随着 IEEE 118 节点系统中的风电场数量增多，模型的运算时间线性增加，计算效率可满足实际应用需求。

3. 协调优化方法的对比分析

本部分内容测试了参与因子与运行基点协调优化时的情况，分别采用了交替迭代法与 Big-M 法两种求解方法。表 4.7、表 4.8 对两种求解方法与参与因子按照机组调节能力预先设定方法的调度决策结果进行了对比。

表 4.7   参与因子优化方法对 AGC 机组的影响

求解方法	运行基点/p. u.			参与因子/p. u.			成本/元	
	机组 1	机组 2	机组 3	机组 1	机组 2	机组 3	总成本	风险成本
参与因子固定	1.3500	0.8875	0.5427	0.445	0.333	0.222	9844.095	29.355
交替迭代法	1.3500	0.8875	0.5349	0.450	0.425	0.125	9781.956	33.09
Big-M 法	1.3500	0.8875	0.5250	0.430	0.191	0.378	9737.539	29.684

表 4.8   参与因子优化方法对节点风电接纳范围及其覆盖能力的影响

求解方法	节点风电接纳范围/MW		覆盖能力
	风电场 1	风电场 2	
参与因子固定	[15.153, 37.691]	[11.290, 29.435]	79.83%
交替迭代法	[15.153, 37.691]	[11.290, 28.539]	80.70%
Big-M 法	[15.153, 37.691]	[11.290, 29.435]	83.90%

由表 4.7 和表 4.8 可见，参与因子同时作为变量进行决策能够获得更合理的运行基点和参与因子配置组合，实现更低成本下的安全、经济运行。在两种协调优化方法的对比中，考虑到交替迭代法是一种启发式算法，其获得的是从某一初始点出

发的局部最优解，而 Big-M 法经过线性转化能够得到严格的全局最优解，因此，从调度成本和对风电功率扰动的覆盖能力两项指标来看，Big-M 法对应的决策结果在安全性和经济性方面的优势更为明显。

4.2.6 小结

本节构建了以运行成本和节点风电接纳风险成本最小化为目标的新能源消纳有效安全域优化模型，对节点风电接纳范围上、下边界及 AGC 机组的运行基点与参与因子进行优化决策。在模型求解过程中，利用线性化手段对变限积分形式的节点风电接纳 CVaR 指标进行了转换，提高了模型的求解效率及实用性；并给出了参与因子与运行基点协调优化时对于所形成双线性问题的两种求解方法。最后，通过对简单 6 节点系统的测试计算验证了方法的有效性，并对影响风电接纳范围的因素进行了灵敏度分析；通过对 IEEE 118 节点系统的测试计算，验证了算法的计算效率能够满足实际工程需要。本节方法实现了随机规划与鲁棒优化两种不确定优化方法的有机统一，所得决策结果在优化各节点风电接纳范围时充分考虑了风电的历史统计规律，确保了风电接入的安全性和经济性。

4.3 高阶不确定条件下新能源消纳有效安全域优化

4.3.1 引言

前述章节中给出的新能源消纳有效安全域优化方法均以新能源发电功率概率分布函数精确已知为前提条件，定义新能源发电接纳 CVaR 指标，评估系统接纳新能源发电的风险，实现系统运行成本与风险间折中的新能源消纳有效安全域优化。上述方法成立的前提是新能源发电功率的真实概率分布精确可知，而在现实中，新能源发电功率的概率分布常常难以准确获取，通过历史数据规律挖掘获得的概率分布往往存在误差，即存在高阶不确定性问题[99]。高阶不确定性问题的产生至少有如下两方面的原因：其一，在建立新能源发电功率概率分布预测模型时，由于无法将所有的影响因素都引入模型加以考虑，必然忽略相对次要因素而导致误差，即模型的不完备性；其二，对于一些特定的天气状况，其历史样本数量有限，可用数据不足以估计得到新能源发电功率的精确概率分布，即数据的不准确性。显然，在这种情况下，前述章节中基于精确概率分布方法的决策效果将受到影响。近些年，分布鲁棒优化方法被用于解决上述问题。这类方法既不同于鲁棒优化，仅依靠不确定量的区间边界信息进行决策，也不同于随机规划方法，需要依据精确的概率分布信息，而是假定不确定量的真实概率分布存在于某概率分布不确定集中，将概率分布不确定性的影响纳入优化决策过程，找到概率分布不确定集内最坏概率分布情况下最好的随机决策结果。由此可见，分布鲁棒优化方法既可以改善鲁棒优化由于忽略概率统计信息而导致的保守性，也可以考虑到实际中概率分布信息难以精确获取的现实问题，是一类更加实用化的不确定决策方式[100-102]。

在前述章节的基础上，本节深入分析了新能源发电功率概率分布不确定性的影响，提出了一种高阶不确定条件下新能源消纳有效安全域优化方法。所提方法以风电为例，基于非精确概率理论[103]，构建给定置信水平下包含真实风电概率分布的概率分布不确定集。然后，通过对概率分布不确定集中最劣概率分布的辨识，将原始的分布鲁棒的优化决策问题转化为 4.2 节所述的确定性概率分布条件下优化决策问题。进而，利用 Big-M 方法和分段线性化方法，将原问题转化为混合整数线性规划问题进行求解。通过在 IEEE 118 节点系统及实际电网等效的 445 节点系统上的仿真，验证了本节方法的有效性和计算效率。

4.3.2　高阶不确定条件下新能源接纳风险

1. 概率分布不确定集的构造

一般情况下，鲁棒优化问题并不需要精确地知道随机变量所服从的概率分布，而随机规划问题正好相反，在随机规划问题中，不确定变量的概率分布规律被认为是精确已知的。在现实中，由于可用信息的冲突与不足，随机变量的概率分布规律难以精确把握，所能得到的往往是不精确的概率分布信息，从这一角度来讲，随机规划或者鲁棒优化，本质上都是近似的决策方法。介于鲁棒优化与随机规划两种方法之间，分布鲁棒优化是一种可以考虑概率分布不确定性的不确定性优化方法，其通过某些可以获取到的统计信息（如一阶矩、二阶矩等），描述随机变量可能的概率分布函数，而所有满足这些已知条件的概率分布函数，构成了所谓的概率分布不确定集，用以描述不确定量的统计规律。进而，分布鲁棒优化将作出对分布不确定这种高阶不确定性具有免疫力的决策，即在概率分布不确定集中寻找最劣概率分布下最好的随机决策。显然，分布鲁棒优化方法具有对现实决策场景更好的描述能力。

概率分布不确定集的构造是影响分布鲁棒优化决策效果的关键因素。不同形式的概率分布不确定集将使优化模型对应于不同的决策保守度和计算效率。为将前章节所述的有效安全域方法进行扩展，使其适用于存在概率分布不确定性的应用场景，本节基于非精确概率理论的非精确狄利克雷模型（Imprecise Dirichlet Model，IDM），构建由不确定变量所有可能累积分布函数（Cumulative Distribution Function，CDF）所形成的概率分布不确定集。这种方法无需预先假设不确定变量的概率分布类型，具有较好的适用性。

根据基本概率理论可知，随机变量 x 在某点 X 的累积概率分布函数值可以定义为 $F_x(X) = P(x \leqslant X)$，其表示了随机事件 $x \leqslant X$ 发生的概率。假设在历史样本集合中，所有样本都是独立且同分布的，并且，b 个样本中有 a 个样本小于或等于给定值 A。那么，根据大数定律，当 $b \to \infty$ 时，$F_x(A)$ 的概率将等于 a/b。通过对 x 所有可能的取值重复该过程，就能够得到随机变量 x 的累积概率分布函数，如图 4.16a

所示。然而，在实际中，对于随机变量 x，可能只有有限的可用样本，从而使大数定律难以奏效。在这种情况下，将无法保证对于随机事件 $x \leq X$ 概率估计的精确性，在此基础上，所获得的风电的累积概率分布函数将是不可靠的[104]。为了描述估计得到的 CDF 中存在的不确定性，这里将根据已有数据来估计 CDF 的置信带（Confidence Band，CB），用以替代精确的 CDF 值，形成概率分布不确定集。

根据 CDF 的定义，能够通过如下两个步骤来估计 CDF 的置信带。

1）对于 x 的某个取值，例如 A，在指定置信水平下估计随机事件 $x \leq A$ 发生的概率区间。通过该步骤，能够获得该取值点处 CDF 的上界、下界，见图 4.16a。

2）根据每个点处的 CDF 边界构造整个 CDF 的置信带，见图 4.16b。由于实际中只有有限样本是可用的，所以只需在样本点上计算事件 $x \leq A$ 发生的概率区间即可，然后，可以使用插值的方法来形成整个置信带，获得概率分布不确定集。

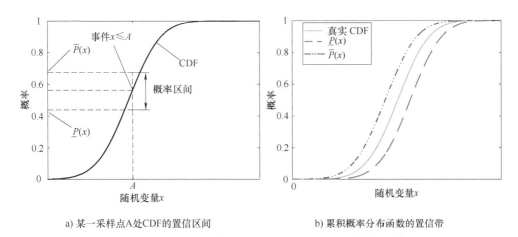

a) 某一采样点A处CDF的置信区间　　　　b) 累积概率分布函数的置信带

图 4.16　随机变量的累积概率分布函数及其置信带

在本部分内容中，每个样本点对应随机事件发生概率的置信区间是根据非精确概率理论来估计得到的。非精确概率理论是经典概率理论的推广，当可用信息不足时，可以描述部分可知的概率信息。在非精确概率理论中，通常以概率区间来量化随机事件发生的不确定性。例如，随机事件 $x \leq A$ 的非精确概率可以用 $\tilde{P}_A = [\underline{P}_A, \overline{P}_A]$ 来表示，其中 $0 \leq \underline{P}_A \leq \overline{P}_A \leq 1$。概率区间的宽度与历史数据的数量和质量密切相关。有效历史数据越多，概率区间越窄，获得的概率越精确。如果有足够多的历史数据，概率区间就会缩小至一点，这时将会得到精确的概率[105]。

在非精确概率理论中，有几种较为成熟的概率区间估计方法[103,106]。本节采用参考文献［106］和参考文献［107］中的概率区间估计方法，该方法可以估计一定置信水平 γ 下的概率区间。根据这一方法，累积概率分布函数在某 A 点置信度为 γ 的概率区间可以由式（4.68）进行估计：

$$\begin{cases} a_k = 0, \quad b_k = G^{-1}\left(\dfrac{1+\gamma}{2}\right), & n_k = 0 \\[3mm] a_k = H^{-1}\left(\dfrac{1+\gamma}{2}\right), \quad b_k = G^{-1}\left(\dfrac{1+\gamma}{2}\right), & 0 < n_k < n \\[3mm] a_k = H^{-1}\left(\dfrac{1+\gamma}{2}\right), \quad b_k = 1 & n_k = n \end{cases} \quad (4.68)$$

式中，a_k 和 b_k 分别为概率区间的下界和上界；H 为 β 分布 $B(n_k, s+n-n_k)$ 的累积概率分布函数；G 是 β 分布 $B(s+n_k, n-n_k)$ 的累积概率分布函数；n 为总样本的大小；n_k 为统计事件发生的次数；S 为等效样本的大小；在本节中，概率区间的置信水平 γ 设为 0.95，此时，S 应设为 2[106]。通过上述方法，即可估计得到每个采样点处累积概率分布函数值的区间。

对于第 2 个步骤，这里采用简单的阶梯插值来获取整个累计概率分布函数 CDF 的置信带[103]，这种插值方法可以表达为

$$\begin{cases} \underline{P}(x) = \max\{a_k : x_k \leqslant x\} \\[2mm] \overline{P}(x) = \min\{b_k : x_k \geqslant x\} \end{cases} \quad (4.69)$$

其中，第一式用以确定概率分布不确定集的下边界，取的是所有满足条件 $x_k \leqslant x$ 样本点 x_k 上利用式（4.68）算得的最大的 a_k；第二式用以确定概率分布不确定集的上边界，取的是所有满足条件 $x_k \geqslant x$ 样本点 x_k 上利用式（4.68）算得的最小的 b_k。图 4.17 给出了阶梯插值方法的示意图。

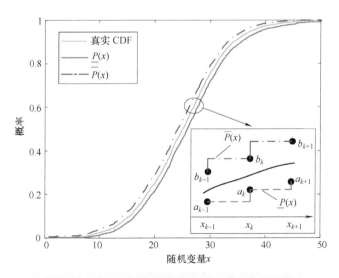

图 4.17　随机变量的累积概率分布函数和置信带

最终，可以得到概率分布不确定集的完整表达式为

$$A = \left\{ F_x \middle| F_x(X) \in \left[\underline{P}(X), \overline{P}(X) \right] \right\} \tag{4.70}$$

2. 可选的累计概率分布函数不确定集边界估计方法

上述概率区间估计方法所得的置信水平是逐点的，因此，得到的是基于逐点置信水平的累计概率分布函数不确定集的边界，这里用 PW-CI 表示。依此法得到的累计概率分布函数不确定集的边界 PW-CI 能够保证：对于任意给定的取值点 x，累积概率分布函数在 x 点的值 $F(x)$，将以给定的置信水平落入到估计得到的边界内。

同时，还存在着另外一种累计概率分布函数不确定集边界的确定方式，即基于整体置信水平的累计概率分布函数不确定集边界的确定方式，这里用 FW-CI 表示。与 PW-CI 不同，FW-CI 能够确保：累计概率分布函数整体以一定置信水平存在于所构建的不确定集内[106]。

这两类累计概率分布函数不确定集的构建方式有着不同的物理意义，在实际应用中，可根据具体需求选用其中一种。需要注意的是，在同样的置信水平下，依据逐点置信水平构建的不确定集边界 PW-CI 比依据整体置信水平构建的不确定集边界 FW-CI 更窄，这就意味着，基于 FW-CI 不确定集进行决策将会得到更加保守的决策结果。

实际上，本部分内容所述的依据逐点置信水平构建概率分布不确定集边界的方法也可以稍作改变用来估计依据整体置信水平的概率分布不确定集边界。这里，只需要通过映射函数，将逐点置信水平映射到整体置信水平（映射函数可通过大量的模拟仿真实验获得），而后，就可以继续根据式（4.68）所示方法进行依据整体置信水平概率分布不确定集边界 FW-CI 的估计了。

3. 风电功率接纳 CVaR 的数学表达

对于给定的风电接入节点，其风电接纳有效安全域 ARWP 表示了节点的风电功率接纳能力。在 4.2 节中已经给出了 ARWP 的表示方法。在电力系统运行调度中，ARWP 与 AGC 机组的运行基点和参与因子设置密切相关，这两者以及支路功率的传输能力共同决定了系统对于风电功率扰动的响应能力。对于给定的系统，其可以消纳 ARWP 内任何的风电扰动，换言之，只要风电扰动在此区域内，由于弃风或功率短缺产生的运行风险就不会发生。相反，如果风电扰动超出此区域，将可能产生弃风或者功率短缺现象，造成相应的损失。延续 4.2 节所述内容，这些损失本节依旧采用风电接纳的 CVaR 指标来进行量化评估。图 4.18 给出了以累计概率分布函数表示的概率分布不确定集，即图 4.18b，以及与之边界对应概率密度函数，即图 4.18a。图上标注了 ARWP 及相应的在险部分，图中，$F_a(x)$、$P_b(x)$ 分别表示累计概率分布函数不确定集的下边界与上边界；$P_a(x)$、$P_b(x)$ 分别表示上边界与下边界所对应的概率密度函数。

根据风电功率接纳 CVaR 在 4.2 节中的定义，即式（4.25）与式（4.26），考虑到风电功率概率分布的不确定性，可将给定节点上对应于风力发电不足（风电功率实际值低于预测值）情况下的风电功率接纳风险 CVaR 指标表示为

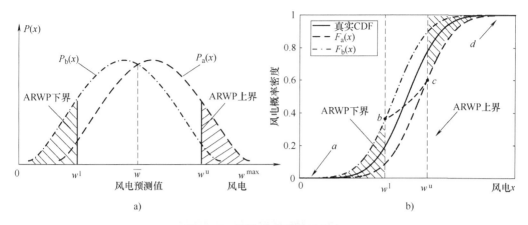

图 4.18　风电功率接纳 CVaR

$$\phi(w_m^1) = \max_{p \in A} E_p \left[(w_m^1 - x) \mid 0 \leqslant w_m^1 - x \leqslant w_m^1 \right]$$

$$= \max_{p \in A} \int_{0 \leqslant w_m^1 - x \leqslant w_m^1} (w_m^1 - x) P(x) \, \mathrm{d}x \tag{4.71}$$

式中，P 表示风电的概率分布，其隶属于预先通过历史数据估计得到的概率分布不确定集 A，可以看出，由于事先并不知道概率分布的精确信息，此时的风电功率接纳风险 CVaR 指标为概率分布不确定集中所有可能概率分布函数所对应的最大的期望损失。

根据分部积分法，式（4.71）可以进一步转化为

$$\phi(w_m^1) = \max_{p \in A} \left\{ (w_m^1 - x) F(x) \Big|_0^{w_m^1} + \int_0^{w_m^1} F(x) \, \mathrm{d}x \right\}$$

$$= \max_{p \in A} \int_0^{w_m^1} F(x) \, \mathrm{d}x \tag{4.72}$$

式中，$F(x)$ 为变量 x 的累积概率分布函数。

结合图 4.18b 可以看出，积分项 $\int_0^{w_m^1} F(x) \, \mathrm{d}x$ 的值等于 $F(x)$ 与横坐标轴之间区域在区间 $[0, w^1]$ 上的面积。显然，对于概率分布不确定集中任一 $F(x)$，当 $F(x) = F_b(x)$ 时，上述区域的面积达到最大，为图中区域 a-b-w^1-a 的面积。换句话说，对于 $\phi(w_m^1)$，概率分布不确定集式（4.70）中最坏的情况即是累积概率分布函数 $F_b(x)$。因此，式（4.72）可以简化为

$$\phi(w_m^1) = \int_0^{w_m^1} F_b(x) \, \mathrm{d}x \tag{4.73}$$

这里，需要指出的是，式（4.73）十分重要，其在概率分布不确定的情况下，建立了风电接纳有效安全域下边界 w_m^1 和功率短缺期望风险 $\phi(w_m^1)$ 之间确定性的对应关系。而这一对应关系，就是通过对概率分布不确定集中最坏概率分布的直接识

别实现的。

类似地,对于发生弃风(风电功率实际值高于预测值)情况下风电功率接纳的 CVaR 指标,即 $\phi(w_m^u)$,概率分布不确定集中最坏的情况为累积概率分布函数 $F_a(x)$,即为概率分布不确定集合的下边界。因此,对应的有

$$\phi(w_m^u) = \int_{w_m^u}^{w^{\max}} F_a(x)\,\mathrm{d}x \tag{4.74}$$

因此,对于给定的节点,在概率分布不确定的情况下,其风电功率接纳的最大的 CVaR 就可以依据式(4.73)和式(4.74)进行计算,即 $\phi(w_m^l) + \phi(w_m^u)$。

与前述章节相似,利用分段线性化方法,可以将 $\phi(w_m^u)$、$\phi(w_m^l)$ 分别线性化近似表达为

$$\phi(w_m^u) = \sum_{s'=1}^{S^u-1} (a_{m,s'}^u x_{m,s'}^u + b_{m,s'}^u U_{m,s'}^u) \tag{4.75}$$

$$\begin{cases} x_m^u = \displaystyle\sum_{s'=1}^{S^u-1} x_{m,s'}^u, \ \forall m \\[2ex] \displaystyle\sum_{s'=1}^{S^u-1} U_{m,s'}^u = 1, \ \forall m \\[2ex] o_{m,s'}^u U_{m,s'}^u \leqslant x_{m,s'}^u \leqslant o_{m,s'+1}^u U_{m,s'}^u, \ \forall m, \forall s' \end{cases} \tag{4.76}$$

$$\phi(w_m^l) = \sum_{s'=1}^{S^l-1} (a_{m,s'}^l x_{m,s'}^l + b_{m,s'}^l U_{m,s'}^l) \tag{4.77}$$

$$\begin{cases} x_m^l = \displaystyle\sum_{s'=1}^{S^l-1} x_{m,s'}^l, \ \forall m \\[2ex] \displaystyle\sum_{s'=1}^{S^l-1} U_{m,s'}^l = 1, \ \forall m \\[2ex] o_{m,s'}^l U_{m,s'}^l \leqslant x_{m,s'}^l \leqslant o_{m,s'+1}^l U_{m,s'}^l, \ \forall m, \forall s' \end{cases} \tag{4.78}$$

其中,式(4.75)和式(4.76)是 $\phi(w_m^u)$ 的线性化近似表达,依据的是累积概率密度函数 $F_a(x)$,式(4.77)和式(4.78)是 $\phi(w_m^l)$ 的线性化近似表达,依据的是累积概率密度函数 $F_b(x)$;s' 是分段序号;S^u-1 和 S^l-1 分别为 s' 对于 $\phi(w_m^u)$ 和 $\phi(w_m^l)$ 的最大值;$a_{m,s'}^u$,$b_{m,s'}^u$,$a_{m,s}^l$ 和 $b_{m,s}^l$ 是常数系数。由于 4.2 节中已经对分段线性化方法进行了详细描述,这里不再赘述。

需要注意的是,在式(4.75)~式(4.78)中,需要用到分段点处的概率值,这里依据 CDF,采用中心差分方法来进行求取。例如,考虑分段点 o_k 及其相邻的两个采样点 $\{x_k, x_{k+1}\}$,满足 $x_k \leqslant o_k \leqslant x_{k+1}$,则 o_k 处的概率值可由下式估计得到:

$$P(o_k) = \frac{F(x_{k+1}) - F(x_k)}{x_{k+1} - x_k} \tag{4.79}$$

式中,$F(x_k)$ 是 x_k 处的累积概率分布函数值;$P(o_k)$ 是 o_k 处的概率值。通过对所

有分段点重复这个过程，能够得到风电功率接纳 CVaR 计算时所需的所有分段点处的概率值。

此外，本部分内容构建的依据逐点置信水平得到的累计概率分布函数概率分布不确定集边界 PW-CI 具有明确的物理意义。例如，对于给定的风电功率扰动接纳有效安全域边界 w_m^l 和 w_m^u，若采用 95% 置信的 PW-CI，则能够保证真实的 CVaR 以 95% 的概率落在依据概率分布不确定集边界 $F_a(x)$、$F_b(x)$ 计算得到的 CVaR 区间内。与之相对应，若依据整体置信水平 FW-CI 来确定概率分布不确定集，则计算得到的 CVaR 区间覆盖真实 CVaR 的概率将大于设定的 95%。可见，使用 FW-CI 得到的决策结果将更加保守，因为其所估计出来的最差情况下的 CVaR 要更大一些。由于 PW-CI 与风电功率接纳 CVaR 指标的相关性更强，本节采用这种累计概率分布函数边界估计方法来构造概率分布不确定集。

4.3.3 优化模型

与前述章节相同，实时调度的目标仍然设为最小化系统的运行总成本，包括发电成本、备用成本和风险成本。同样，仍假设所有可调度机组都为 AGC 机组，以简化符号表达。在优化过程中，将考虑运行基点的功率平衡约束、AGC 机组的备用容量约束、机组容量约束以及支路潮流约束等。整体模型可如下表示。

$$Z = \min \left(\sum_{i=1}^{N_a} (c_i p_i + \hat{c}_i \Delta \hat{p}_i^{\max} + \check{c}_i \Delta \check{p}_i^{\max}) + \sum_{m=1}^{M} (\theta^u \phi(w_m^u) + \theta^l \phi(w_m^l)) \right) \quad (4.80)$$

s. t. 式（4.75）~ 式（4.78）

$$\sum_{i=1}^{N_a} p_i + \sum_{m=1}^{M} \overline{w}_m = D_t, \quad (4.81)$$

$$\Delta \hat{p}_i^{\max} \geq \alpha_i \sum_{m=1}^{M} (\hat{w}_m - w_m^l), \ \forall i \quad (4.82)$$

$$\Delta \check{p}_i^{\max} \geq \alpha_i \sum_{m=1}^{M} (w_m^u - \hat{w}_m), \ \forall i \quad (4.83)$$

$$\sum_{i=1}^{N_a} \alpha_i = 1, \quad (4.84)$$

$$p_i - \Delta \check{p}_i^{\max} \geq p_i^{\min}, \ \forall i \quad (4.85)$$

$$p_i + \Delta \hat{p}_i^{\max} \leq p_i^{\max}, \ \forall i \quad (4.86)$$

$$\sum_{m=1}^{M} \left(M_{ml} + \sum_{i=1}^{N_a} M_{il} \alpha_i \right) \Delta \tilde{w}_m \geq -T_l - \sum_{i=1}^{N_a} M_{il} p_i - \sum_{m=1}^{M} M_{ml} \hat{w}_m, \ \forall l \quad (4.87)$$

$$\sum_{m=1}^{M} \left(M_{ml} + \sum_{i=1}^{N_a} M_{il} \alpha_i \right) \Delta \tilde{w}_m \leq T_l - \sum_{i=1}^{N_a} M_{il} p_i - \sum_{m=1}^{M} M_{ml} \hat{w}_m, \ \forall l \quad (4.88)$$

在上述模型中，目标函数式（4.80）被用来在运行成本和风险之间取得均衡，其中前三项分别表示发电成本和双向备用成本，后两项表示风电功率接纳的风险成本。式（4.81）描述了运行基点处的功率平衡约束。式（4.82）和式（4.83）是每个 AGC 机组的备用容量需求约束，其由系统受到的干扰和机组的参与因子所共同决定。式（4.84）表示所有 AGC 机组参与因子之间的关系。式（4.85）和式（4.86）是 AGC 机组的发电容量约束。式（4.87）和式（4.88）是利用发电注入转移分布因子和仿射关系 $\Delta \tilde{p}_i = \alpha_i \sum_{m=1}^{M} \Delta \tilde{w}_m$ 构造的支路传输功率约束，其中，随机变量 $\Delta \tilde{p}_i$ 和 $\Delta \tilde{w}_m$ 分别表示 AGC 机组 i 释放的备用容量和风电场 m 发电的扰动量。

在式（4.75）~式（4.88）中，p_i、α_i、w_m^l 和 w_m^u 为决策变量，模型构成了含有不确定量的非线性优化问题。

4.3.4　模型可解化处理

要对 4.3.3 节构建的优化模型进行有效求解，需要对模型进行必要的处理，这其中，有 4 个比较关键的步骤。

1. 目标函数的线性化

此步骤通过对变限积分运算的分段线性化处理，将目标函数中的非线性风电接纳风险 CVaR 指标线性化，以改善模型的计算性能。此步骤可仿照 4.2.4 节所述内容进行处理。

2. 约束中不确定变量的处理

此步骤将约束式（4.87）与式（4.88）中的不确定量消除，使问题变为计算机可处理的确定性优化问题。这里仍然利用 Soyster 方法进行处理。

3. 约束中双线性部分的线性化处理

在约束式（4.82）、式（4.83）、式（4.87）、式（4.88）中，仍然存在双线性项。为了保证解的质量，这里采用 Big-M 方法来进行模型转化，方法参照第 4.2.4 节内容。

4. 分解算法的应用

如 4.2.4 节所述，在利用 Big-M 法求解双线性问题时，虽然可以得到近似的全局最优解，但在其线性化过程中，引入了多个松弛变量和附加约束，增加了模型的求解难度。另外，根据电力系统运行经验，在实际运行中，仅有少部分瓶颈线路的安全约束会起作用。因此，在求解本节优化模型时，引入分解算法，以此来筛选掉无效的线路安全约束，以降低计算压力。引入的分解算法不会改变最终的优化结果，从而保证了优化结果的全局最优性。分解算法通过迭代产生并求解一系列原问题的松弛问题，由于松弛问题中仅包含少量的线路安全约束，因此，松弛问题可利用 Big-M 法相对高效地求解。

分解算法可按照如下步骤实施：

1）忽略所有支路的安全约束，形成原问题的原始松弛问题，并求解得到该原始松弛问题的最优解；

2）利用如下公式对所有没有被加入到松弛模型中的支路安全约束进行验证。当且仅当如下公式满足时，支路安全约束通过验证。

$$
\begin{cases}
\min_{\Delta \tilde{w}_m \in \Omega} \sum_{m=1}^{M}\left(M_{ml}+\sum_{i=1}^{N_a} M_{il}\alpha_i^*\right)\Delta \tilde{w}_m \geqslant \\
-T_l-\sum_{i=1}^{N_a} M_{il}p_i^*-\sum_{m=1}^{M} M_{ml}\hat{w}_m, \forall l \\
\max_{\Delta \tilde{w}_m \in \Omega} \sum_{m=1}^{M}\left(M_{ml}+\sum_{i=1}^{N_a} M_{il}\alpha_i^*\right)\Delta \tilde{w}_m \leqslant \\
T_l-\sum_{i=1}^{N_a} M_{il}p_i^*-\sum_{m=1}^{M} M_{ml}\hat{w}_m, \forall l
\end{cases}
\tag{4.89}
$$

式中，$\Omega=\left[-\Delta \tilde{w}_m^{\max *}, \Delta \hat{w}_m^{\max *}\right]$，为由上次迭代产生松弛问题求解得到的最佳的节点风电扰动接纳范围。上述验证过程求解的是线性优化问题，因此，验证过程计算效率较高。如果所有支路安全约束均满足上述的验证过程，则算法终止。否则，没有满足上述验证的支路安全约束将被认定为有效约束。

3）将第2步中认定为有效约束的支路安全约束加入到松弛模型，形成新的松弛模型。然后利用Big-M法求解新的松弛模型。重复上述三个步骤，直至所有的支路安全约束均通过了验证。分解算法的流程如图4.19。

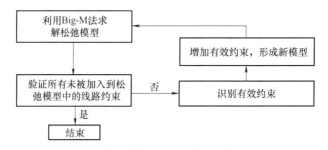

图4.19 分解算法流程

4.3.5 算例分析

在算例仿真分析中，通过对改进的IEEE 118节点系统和实际电网等效的445节点系统的测试，证明所提方法的有效性。所有仿真测试都是在个人电脑上，使用GAMS 23.8.2平台调用CPLEX 12.6商用求解器解决的，电脑配置为Intel Core i5-3470、3.2GHz CPU和8GB RAM。除非另有规定，置信水平γ均设置为0.95，每个风电场装机容量均设置为50MW，弃风惩罚价格设置为300元/（MW·h），功率短缺惩罚价格设置为3000元/（MW·h）[95]。

1. 测试系统介绍

本部分内容所采用的改进的 IEEE 118 节点测试系统[66]结构图和相关的参数与 4.2 节算例分析中的改进的 IEEE 118 节点测试系统一致。对于测试系统中的风电功率、总负荷数据亦与 4.2 节中改进的 IEEE 118 节点测试系统中的数据相同，如图 4.20 所示。假设所有的不确定性都来源于风电功率预测误差，并服从正态分布。风电功率预测误差的标准差设定为实际值的 20%[65]，优化的前瞻时间范围和分辨率分别设置为 24h 和 15min。

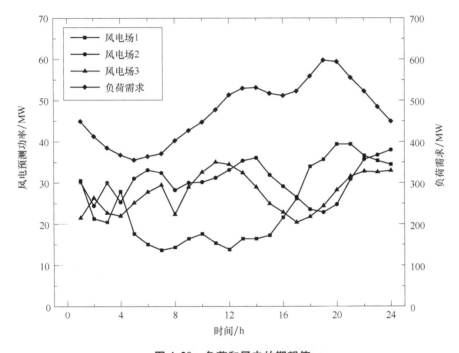

图 4.20　负荷和风电的期望值

2. 与真实概率分布模型的比较

为了说明在优化过程中考虑风电概率分布的不确定性带来的影响，将所提出的优化模型与 4.2 节中的优化模型进行对比，相关对比测试结果列于表 4.9 中。在表 4.9 中，RED-PT 是 4.2 节中的优化模型，DRED(n) 表示本节的优化模型，n 表示样本数。测试中，样本取自真实的风电功率概率分布模型，并且，在 RED-PT 模型中，这一真实的概率分布模型是完全已知的。

从表 4.9 可以看出，与 RED-PT 模型相比，无论样本集大小如何，DRED 模型的运行成本总是比较高的。但是，与之相对应，DRED 模型的风电接纳有效安全域总是大于 RED-PT 模型的风电接纳有效安全域，而前者的预期风险成本也总是低于后者。出现该结果是因为在 DRED 模型中考虑了风电功率概率分布的不确定性，其在概率分布不确定集中最劣概率分布下寻找最优的调度结果。相比之下，RED-PT模型依据风力发电真实的概率分布进行决策，由于去掉了概率分布的不确定性，所以所得结果的经济性更好。然而，需要指出的是，在实际中，是很难准确估计得到风电功率的真实的概率分布的。

表4.9　不同方法的测试结果

优化模型	风电接纳有效安全域大小/MW	总成本/元	风险成本/元
DRED（500）	1616.9	759558	7101
DRED（1000）	1557.1	758826	7702
DRED（5000）	1498.3	757561	8070
DRED（10^4）	1451.6	757162	8526
DRED（10^5）	1419.4	756589	8880
RED-PT	1386.7	756307	9249

同时，我们也观察到，随着样本数量的增加，两种方法计算结果的差距逐渐减小，实际上，如果有足够多的历史数据可用，两者的差距最终将会消失。这表明，更多的历史数据，会降低DRED方法计算结果的保守性。换句话说，在DRED方法中，可以结合更多的历史数据来降低所得优化结果的保守性。

事实上，风电CDF边界宽度代表了可以从样本中提取的可靠信息的多少。当只有很少的历史数据可用时，为了保证需要的置信水平，CDF的边界宽度相对较大，这样，集合中的最劣分布就与真实分布相差较多。在这种情况下，为了保证决策结果的鲁棒性，需要配置更多的备用，从而增加系统运行的总成本。相反，当有足够多的历史数据，CDF的边界将缩小到真正CDF的附近，因此，概率分布不确定集合中的最劣分布将十分接近真实分布。在这种情况下，应对风电波动的备用就可以减少，系统总的运行成本将会降低。

3. 不同概率分布不确定集边界构建方法的比较

如4.3.2节的第2部分所述，概率分布不确定集边界的构造有两种方法：①依据逐点置信度进行构建；②依据概率分布整体置信度进行构建。为了比较这两种方法，将置信度均设置为95%，并在改进的IEEE 118节点测试系统上进行仿真分析。测试结果见表4.10和图4.21。

表4.10　不同方法下的测试结果

方法	样本数量	ARWP/MW	总成本/元	风险成本/元
PW-CI	1000	1557.1	758826	7702
	5000	1498.3	757561	8070
	10^4	1451.6	757162	8526
	10^5	1419.4	756589	8880

（续）

方法	样本数量	ARWP/MW	总成本/元	风险成本/元
FW-CI	1000	1635.2	760263	6795
	5000	1548.3	758350	7698
	10^4	1516.5	757841	7921
	10^5	1440.2	756894	8662

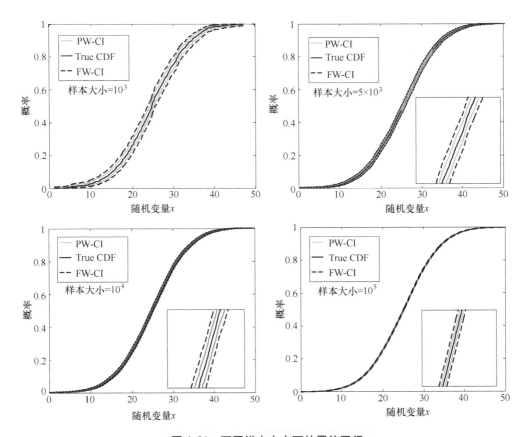

图 4.21　不同样本大小下的置信区间

从表 4.10 和图 4.21 结果可以看出，无论采用 PW-CI 或是 FW-CI 方法获得概率分布不确定集，随着样本数量的增加，对应优化结果的经济性都将变得越来越好，并且，逐步逼近由 RED-PT 模型获得的优化结果。这是因为当历史数据增多时，PW-CI、FW-CI 方法得到的概率分布不确定集都将收缩，它们所建立的概率分布不确定集合中的最劣分布都逐步接近真实分布。从图 4.21 还可以看出，在相同的样本数量下，由 FW-CI 方法对应的概率分布不确定集通常比由 PW-CI 方法得到的概率分布不确定集更宽一些。这说明由 FW-CI 方法得到的概率分布不确定集，所得决策结果相对更加保守。

4. 计算性能

为了研究所提算法的计算性能，采用以下几种方法对模型进行求解，并比较解算效率。同时，还选择了几种非线性通用商业求解器（包括 BARON，BONMIN，DICOPT，KNITRO 和 SBB），作为计算性能的参考基准。

算法 1：本节所提算法。

算法 2：直接通过非线性求解器对非线性问题进行求解。首先，采用目标函数线性化方法和约束的 Soyster 处理方法，将 4.3.3 节中形成的模型转化成含有双线性项的非线性混合整数优化问题，然后直接调用商用求解器进行求解。

算法 3：与算法 2 相同，将优化模型转化成含有双线性项的非线性混合整数优化问题，然后采用 4.2.4 节所述的交替迭代启发式方法，求解含有双线性项的非线性混合整数规划问题，即先固定双线性项中的一个决策量，优化另一个决策量，再将优化后的决策量固定在优化值上，优化另一个决策量，迭代直至优化结果收敛。

基准方法：采用通用的商业非线性求解器直接求解混合整数非线性规划问题。

计算性能在改进的 IEEE 118 节点测试系统和某实际电网等效的 445 节点测试系统上进行仿真验证。该 445 节点测试系统在 4.2 节已经进行了介绍，共有 48 台发电机，693 条输电线路和 5 个等效的风力发电场，在线机组总容量为 19618MW，其中，容量在 100MW 至 250MW 之间的 15 台发电机组被作为 AGC 机组。相关仿真验证结果列于表 4.11 中。

表 4.11　不同方法下的计算性能

方法	IEEE 118 节点系统		445 节点系统	
	CPU 时间/s	总成本/元	CPU 时间/s	总成本/元
算法 1	10.972	754932.5	24.673	3056972
算法 2	49.357	757893.4	307.067	3062967
算法 3	26.457	758030.7	46.089	3063244
BARON	130.371	756380.6	810.172	3059903
BONMIN	48.537	757893.2	305.713	3062967
DICOPT	34.056	757968.9	197.872	3063118
KNITRO	46.564	757891.4	289.688	3062962
SBB	36.103	757968.9	215.607	3063112

相对于算法 2 和所有非线性求解器，算法 1 显示出明显更好的计算效率，特别是对于大型电力系统。与算法 3 相比，算法 1 在改进的 IEEE 118 节点测试系统和 445 节点测试系统上的平均计算效率提高了 113.64%。所提算法具有较高计算效率是因为方法可以通过使用分段线性化方法和 Big-M 方法将原始非线性模型转换为相

对易求解的 MILP 模型。同时，通过使用分解方法，排除了无效约束，从而，可以显著减少引入的整数变量数量和约束数量，进一步减少了计算量。

此外，从表 4.11 所示的计算结果还可以看出，算法 1 可以获得明显优于其他方法的调度结果。这是因为：①算法 2 和非线性求解器都试图直接求解一个非线性规划问题，如前文所述，此类求解方法难以获得全局最优解；②算法 3 是一种启发式方法，它只能保证次优的结果，并且初始点的选择会显著影响计算性能。相反，通过使用分段线性化方法和 Big-M 方法，算法 1 形成了 MILP 问题，理论上可以获得全局最优解。

此外，为验证分段线性化方法 PLA 分段数量和风电场数量对于求解效率的影响，分别对相应情况作了测试。图 4.22 显示了在改进的 IEEE 118 节点测试系统中，不同 PLA 分段数下的计算时间和系统运行总成本。

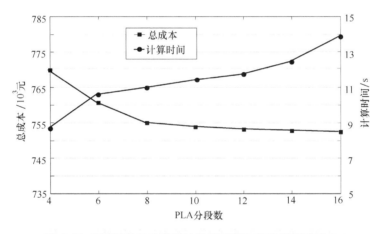

图 4.22　不同 PLA 分段数的计算时间和系统运行总成本

从图 4.22 可以看出，随着分段数量的增加，总成本从 769803.5 元单调递减到 752365.4 元，说明随着分段数增加，计算精度是有提高的。同时，可以观察到，当分段数量从 8 个增加到 16 个时，总成本几乎保持不变，这表明测试系统的计算精度在 8 个分段时已经足够高了。同时，从图 4.22 可以看出，随着分段数目的增加，计算时间也会增加，但增长并不是很显著。

图 4.23 利用 445 节点测试系统，验证了不同风电场数量对于计算效率的影响。从图中可以看出，随着风电场数目的增长，计算时间有所增长，而且增长基本上呈现线性趋势。同时可以看出，即使在 445 节点测试系统中具有 8 个线性分段的 100 个风力发电场，求解时间也仅为 5min，足以满足在线计算的需求，表明提出的方法在实时调度方面的应用潜力。

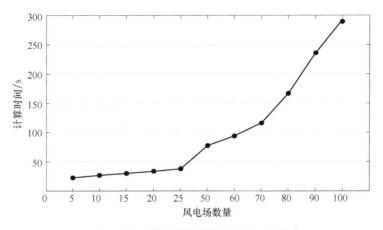

图 4.23　不同风电场数量的计算时间

4.3.6　小结

在本节中，提出了一种高阶不确定条件下新能源消纳的有效安全域优化方法。方法首先利用风电功率历史数据，构建了风电概率分布不确定集，用以描述风电的高阶不确定性。同时，为了实现运行的鲁棒性，概率分布不确定集中的最劣分布被找出，并应用于风电接纳风险的估计，并求得了最劣风力发电概率分布条件下的最优决策，在获得发电机组运行基点与参与因子的同时，优化得到各个节点的风电接纳有效安全域。文中分析了不同概率分布不确定集构建方法的差别，并提出了一种针对该问题的分解算法，在不降低计算精度的同时，显著提高模型的求解效率。IEEE 118 节点系统和实际电网等效的 445 节点系统的仿真结果验证了所提方法的有效性。

4.4　计及节点电压约束的新能源消纳有效安全域优化

4.4.1　引言

4.3 节对新能源发电的不确定性进行了深入研究，指出现实中难以精确估计新能源发电的真实概率分布，因此，对新能源发电不确定性建模时，应当充分考虑新能源发电概率分布的不确定性，以保证决策结果在实际应用中的有效性，进而给出了高阶不确定条件下的新能源消纳有效安全域优化方法，着重分析了新能源发电高阶不确定性对新能源消纳有效安全域的影响。然而，需要指出的是，前述章节所提方法均是基于直流潮流模型，在进行新能源消纳有效安全域优化决策时，仅关注了有功的优化，而忽视了节点电压安全约束对新能源消纳有效安全域的影响。这在系统无功备用较为充足的情况下是可行的，但随着系统规模的扩大、用户对电能质量要求的提高，系统有限的无功备用越来越不足以保障有功优化策略给定下的节点电压安全，尤其是在不确定的新能源大量并网的情况下，有功、无功的频繁扰动进一步加剧了对系统无功备用的需求。前述章节所提方法的决策结果在实际运行中，容易因系统无功备用不足而导致新能源消纳安全域内的功率扰动引发重要节点电压越限等威胁系统运行安全的情况。因此，为了保证系统新能源消纳有效安全域优化决策结果在实际运行中的有效性和安全性，需在新能源消纳有效安全域优化决策过程中考虑节点电压安全。

由此，在前述章节内容的基础上，本节提出了一种计及节点电压安全约束的新能源消纳有效安全域优化方法。采用电压幅值与相角解耦的线性潮流模型[109]，构建了概率分布不确定条件下计及节点电压安全约束的新能源消纳有效安全域优化模型，从而在保持线性潮流模型高计算效率的同时，实现了在系统新能源消纳有效安全域优化决策中计及节点电压安全。同时，将有功鲁棒调度中的线性决策规则引入到无功调度中，给出了风电场提供电压支撑的无功补偿策略，进而协调优化常规机组和风电场的无功补偿过程，以充分挖掘系统中的电压支撑能力。目标函数沿用了前述章节中折中决策系统运行风险和成本的建模思想。由于本节所建优化模型与4.3节中的模型在形式上一致，因此，本节也沿用4.3节的求解算法实现对所提优化模型的高效求解。最后，算例分析验证了所提方法的有效性。

4.4.2 有功-无功协调优化策略

1. 功率扰动补偿策略

在实时新能源并网消纳优化决策中，系统运行者通常采用自动发电控制（AGC）策略来维持系统的有功实时平衡，即根据如下的仿射函数将系统中总的新能源发电功率不平衡量分配到所有的自动发电控制机组上。

$$\tilde{p}_g = p_g + \Delta\tilde{p}_g = p_g - \alpha_g e^{\mathrm{T}} \Delta\tilde{p}_{\mathrm{W}}, \qquad (4.90)$$

式中，p_g、$\Delta\tilde{p}_g$ 分别为自动发电控制机组 g 有功功率运行基点、为应对系统中新能源发电功率扰动自动发电控制机组 g 所需做出的有功调整量；α_g 为自动发电控制机组 g 的参与因子；e 代表单位向量；$\Delta\tilde{p}_{\mathrm{W}}$ 为系统中新能源发电功率的不平衡向量；$e^{\mathrm{T}}\Delta\tilde{p}_{\mathrm{W}}$ 代表电力系统中总的新能源发电功率不平衡量。由此，在计及节点电压约束的新能源消纳有效安全域优化方法中，采用自动发电控制策略作为电力系统中新能源发电功率扰动的补偿策略。

同时，电力系统中新能源发电有功功率的波动通常伴随着新能源发电无功功率的波动。例如，以定速风机为主的风电场有功功率输出的波动通常也会导致其无功功率有类似趋势的波动。在实际运行中，风电场运行者通常借助电容等补偿装置，使得以定速风机为主的风电场运行在定功率因素模式上，其有功功率与无功功率的耦合关系可表示如下：

$$\cos\theta_{w1} = \tilde{p}_{w1}/\sqrt{(\tilde{p}_{w1})^2 + (\tilde{q}_{w1})^2} \tag{4.91}$$

式中，$\cos\theta_{w1}$ 为风电场 w1 输出功率的功率因素，此处为给定值；$\tilde{p}_{w1}$、$\tilde{q}_{w1}$ 分别为风电场 w1 的随机有功功率输出、随机无功功率输出。考虑到有功功率与无功功率的波动均会引发电力系统节点电压的波动，本节采用定电压控制策略和线性决策规则以确定电力系统节点电压的安全。定电压控制策略通过无功功率补偿，将节点电压维持在设定值。而线性决策规则基于某个线性补偿函数对电力系统中的无功功率缺额进行补偿，其线性函数可表示如下：

$$\tilde{q}_{com} = \beta_{com}e^T\tilde{q}_C, \tag{4.92}$$

式中，$\tilde{q}_{com}$ 为无功功率补偿量；$e^T\tilde{q}_C$ 为电力系统中总的无功功率缺额；β_{com} 为线性补偿函数的系数。

需要指出的是，在实时调度决策中，除了常规发电机组，某些新能源发电机组也能提供无功电压支撑能力，例如，双馈风力发电机，其能快速、灵活的解耦控制有功、无功，具有在实时调度决策中应用的潜力。因此，本部分内容同时考虑了常规发电机组和风机的无功电压支撑能力，即常规发电机组和提供无功电压支撑的风电场采用定电压控制策略或线性决策规则控制其无功输出，补偿系统无功缺额。当提供无功电压支撑的风电场采用线性决策规则进行无功补偿时，其无功输出可由下式计算获得：

$$\tilde{q}_{w2} = -\beta_{w2}e^T\tilde{q}_{w1}, \tag{4.93}$$

式中，$\tilde{q}_{w2}$ 为风电场 w2 提供无功电压支撑时的无功功率输出；β_{w2} 为风电场 w2 采用的线性无功功率补偿函数的系数；$e^T\tilde{q}_{w1}$ 为电力系统中的总无功功率波动。

2. 线性潮流响应模型

参考文献 [109] 提供了一种基于电压幅值与相角解耦的线性潮流模型，如下所示：

$$\begin{cases} P_i = \sum_{j=1}^n G_{ij}V_j - \sum_{j=1}^n B'_{ij}\theta_j, \\ Q_i = -\sum_{j=1}^n B_{ij}V_j - \sum_{j=1}^n G_{ij}\theta_j, \end{cases} \tag{4.94}$$

$$P_{ij}^{le} = g_{ij}(V_i - V_j) - b_{ij}(\theta_i - \theta_j). \tag{4.95}$$

式中，P_i 和 Q_i 分别为节点 i 处的注入有功功率与无功功率；$G_{ij}+jB_{ij}$ 为电力系统中支路 ij 的导纳；B'_{ij} 为不计并联电容影响的支路电纳；V_j 和 θ_j 分别为节点 i 处的电压幅值与相角；P_{ij}^{le} 为电力系统中支路 ij 的线路潮流；$g_{ij}+jb_{ij}$ 为电力系统中支路 ij 的导纳。基于电力系统参考节点、发电节点和负荷节点的已知状态信息，式（4.94）可进一步转化为如下的增量矩阵：

$$\begin{bmatrix} \Delta\boldsymbol{\theta}_{S\cup L} \\ \Delta\boldsymbol{V}_L \\ \Delta\boldsymbol{Q}_{R\cup S} \end{bmatrix} = A\begin{bmatrix} \Delta\boldsymbol{P}_S \\ \Delta\boldsymbol{P}_L \\ \Delta\boldsymbol{Q}_L \end{bmatrix} + B\begin{bmatrix} \Delta\boldsymbol{\theta}_R \\ \Delta\boldsymbol{V}_R \\ \Delta\boldsymbol{V}_S \end{bmatrix} \tag{4.96}$$

式中，下标 R、S、L 分别为电力系统中平衡节点集合、发电节点集合、负荷节点集合；$\Delta\boldsymbol{\theta}$、$\Delta\boldsymbol{V}$、$\Delta\boldsymbol{P}$、$\Delta\boldsymbol{Q}$ 分别为电力系统中的节点电压相角扰动向量、电压幅值扰动向量、有功功率扰动向量、无功功率扰动向量；$\boldsymbol{A}$、$\boldsymbol{B}$ 均为常数矩阵，可由原线性潮流模型计算获得。需要指出的是，在电力系统潮流模型中，平衡节点的电压相角维持不变，即 $\Delta\boldsymbol{\theta}_R = 0$。当采用自动发电控制策略和定电压控制策略与线性决策规则分别作为有功功率、无功功率补偿策略时，式（4.96）可进一步转化为如下的模型：

$$\begin{bmatrix} \Delta\boldsymbol{\theta}_{S\cup L} \\ \Delta\boldsymbol{V}_L \\ \Delta\boldsymbol{Q}_{R\cup S} \end{bmatrix} = \boldsymbol{C}_1 \begin{bmatrix} -\boldsymbol{e}^T(\Delta\boldsymbol{P}_{W1}+\Delta\boldsymbol{P}_{W2})\boldsymbol{\alpha}_S \\ \Delta\boldsymbol{P}_{W2} \\ \Delta\boldsymbol{P}_{W1} \\ (\sin\theta/\cos\theta)\Delta\boldsymbol{P}_{W1} \end{bmatrix} \tag{4.97a}$$

$$\begin{bmatrix} \Delta\boldsymbol{\theta}_{S\cup L} \\ \Delta\boldsymbol{V}_L \\ \Delta\boldsymbol{Q}_{R\cup S} \end{bmatrix} = \boldsymbol{C}_2 \begin{bmatrix} -\boldsymbol{e}^T(\Delta\boldsymbol{P}_{W1}+\Delta\boldsymbol{P}_{W2})\boldsymbol{\alpha}_S \\ \Delta\boldsymbol{P}_{W1}+\Delta\boldsymbol{P}_{W2} \\ (\sin\theta/\cos\theta)\Delta\boldsymbol{P}_{W1} \\ -\boldsymbol{e}^T\Delta\boldsymbol{P}_{W1}\boldsymbol{\beta}_{W2} \end{bmatrix} \tag{4.97b}$$

式（4.97a）为提供无功电压支撑的风电场采用定电压控制策略作为无功功率补偿策略情况下的线性潮流响应模型，式（4.97b）为提供无功电压支撑的风电场采用线性决策规则作为无功功率补偿策略情况下的线性潮流响应模型。式中，$\boldsymbol{C}_1$、$\boldsymbol{C}_2$ 均为常数矩阵，可由原线性潮流模型计算获得；$\cos\theta$ 为不提供无功电压支撑的风电场输出功率的功率因数；$\boldsymbol{\alpha}_S$ 为发电机组有功输出的参与因子向量；$\Delta\boldsymbol{P}_{W1}$、$\Delta\boldsymbol{P}_{W2}$ 分别为不提供无功电压支撑的风电场的有功功率扰动向量、提供无功电压支撑的风电场的有功功率扰动向量；$\boldsymbol{\beta}_{W2}$ 为提供无功电压支撑的风电场采用的线性无功功率补偿函数的常数系数。基于式（4.95）和式（4.97），电力系统的支路潮流扰动表示如下：

$$\Delta\boldsymbol{P}_{L_e} = (\boldsymbol{e}^T(\boldsymbol{D}_1^T\boldsymbol{\alpha}_S)+\boldsymbol{e}^T(\boldsymbol{D}_2^T\boldsymbol{\beta}_{W2})+\boldsymbol{D}_3^T)\Delta\boldsymbol{P}_{W1}+(\boldsymbol{e}^T(\boldsymbol{D}_4^T\boldsymbol{\alpha}_S)+\boldsymbol{D}_5^T)\Delta\boldsymbol{P}_{W2} \tag{4.98}$$

式中，$\boldsymbol{D}_i$ 为常数矩阵，$i=1,2,\cdots,5$，可根据式（4.95）和式（4.97）计算获得；$\Delta\boldsymbol{P}_{L_e}$ 为电力系统的支路潮流扰动向量，下标 L_e 为电力系统中的支路集合。

3. 风电概率分布不确定集构建

本节采用 4.3 节提出的不确定量概率分布不确定集构建方法，实现对风电输出功率概率分布不确定集的构建。具体的风电输出功率概率分布不确定集构建过程如下所示。

1）对于任意的风电随机功率 x 样本点（比如点 A），采用非精确迪利克雷模型，估计该点处概率置信水平为 γ 的累积概率置信区间，如下所示：

$$\begin{cases} a_k=0,\ b_k=G^{-1}\left(\dfrac{1+\gamma}{2}\right), & n_k=0 \\ a_k=H^{-1}\left(\dfrac{1+\gamma}{2}\right),\ b_k=G^{-1}\left(\dfrac{1+\gamma}{2}\right), & 0<n_k<n \\ a_k=H^{-1}\left(\dfrac{1+\gamma}{2}\right),\ b_k=1 & n_k=n \end{cases} \tag{4.99}$$

式中，a_k 和 b_k 分别为累积概率置信区间的下界、上界；H 为 beta 分布 $B(n_k, s+n-n_k)$ 的累积概率分布函数；G 是 beta 分布 $B(s+n_k, n-n_k)$ 的累积概率分布函数；n 为风电输出功率的总样本容量；n_k 为统计事件发生的次数；S 为等效样本的大小；在本节中，概率区间的置信水平 γ 设为 0.95，此时，S 应设为 $2^{[106]}$。通过这一步骤，可估计获得每个风电样本点处的累积概率置信区间。

2）考虑到累积概率密度函数为单调递增函数，因此，可以采用阶梯插值方法，实现对非风电样本点处累积概率置信区间的构建。非风电样本点处的累积概率置信区间可构建如下：

$$\begin{cases} \underline{P}(x) = \max\{a_k : x_k \leqslant x\} \\ \overline{P}(x) = \min\{b_k : x_k \geqslant x\} \end{cases} \tag{4.100}$$

其中，第一式用以确定概率分布不确定集的下边界，取的是所有满足条件 $x_k \leqslant x$ 样本点 x_k 上利用式（4.100）算得的最大的 a_k；第二式用以确定概率分布不确定集的上边界，取的是所有满足条件 $x_k \geqslant x$ 样本点 x_k 上利用式（4.100）算得的最小的 b_k。

3）将步骤 1 与步骤 2 中所得到的累计概率置信区间的上界与下界分别相连，即可得到随机变量累积概率密度函数的置信带，进而得到如下的风电概率分布不确定集合。

$$A = \{F_x \mid F_x(X) \in [\underline{P}(X), \overline{P}(X)]\} \tag{4.101}$$

4.4.3 优化模型

1. 目标函数

在实际运行中，风、光等新能源发电会带来较大的不确定性，危及系统运行的安全性和经济性，因此，需要配置足够的备用容量以应对这些不确定性。但由于系统的备用容量有限，有时可能不能完全消纳这些不确定性，进而引发系统运行风险。为此，计及节点电压约束的有效安全域优化方法兼顾电力系统的运行成本和运行风险，力求合理均衡电力系统运行的经济性和安全性。由此，构建了如下的目标函数：

$$\min\left(\sum_{g \in G} \left(c_g p_g + c_g^{up} \Delta p_g^{up} + c_g^{dn} \Delta p_g^{dn} \right) + \sum_{w \in W} Z_w^r \right) \tag{4.102}$$

式中，G、W 分别为常规发电机组集合和风电场集合；c_g 为常规发电机组 g 的发电成本系数；c_g^{up}、c_g^{dn} 分别为常规发电机组 g 提供上调、下调备用容量的成本系数；p_g 为常规发电机组 g 的有功功率运行基点；Δp_g^{up} 和 Δp_g^{dn} 分别为常规发电机组 g 所配置的上调、下调备用容量；Z_w^r 为风电场 w 风电随机扰动所导致的风险成本，包括弃风风险成本和功率短缺风险成本。

2. 决策变量

计及节点电压约束的有效安全域优化模型的决策变量包括自动发电控制机组的

输出有功功率运行基点 p_g、参与因子 α_g、所配置的上调备用容量 Δp_g^{up}、下调备用容量 Δp_g^{dn}、发电节点的电压幅值 v_S、负荷节点的期望电压幅值 v_L、风电场输出有功功率扰动可接纳范围的上界 p_w^u、下界 p_w^l

3. 约束条件

（1）期望场景下的节点功率平衡约束

$$\begin{cases} p_i = \sum_{j=1}^{N} G_{ij} v_j - \sum_{j=1}^{N} B'_{ij} \theta_j, \ \forall i \\ q_i = -\sum_{j=1}^{N} B_{ij} v_j - \sum_{j=1}^{N} G_{ij} \theta_j, \ \forall i \end{cases} \tag{4.103}$$

式中，p_i 和 q_i 分别为节点 i 的注入有功功率与无功功率；$G_{ij}+jB_{ij}$ 为支路 ij 的导纳；B'_{ij} 为不计并联电容影响的支路电纳；v_j 和 θ_j 分别为节点 j 处的电压幅值与相角。

（2）系统运行风险约束

$$Z^r \leq \text{Risk}_{dh} \tag{4.104}$$

式中，Z^r 为系统运行风险；Risk_{dh} 为系统运行者所能接受的系统运行风险限值，该限值可根据决策者的风险倾向确定。

（3）节点电压幅值约束

$$V^{\min} \leq V_{S \cup L} \leq V^{\max} \tag{4.105}$$

$$V^{\min} \leq V_L + \Delta \tilde{V}_L \leq V^{\max} \tag{4.106}$$

式（4.105）代表期望场景下的发电节点、负荷节点的电压幅值约束，式（4.106）代表扰动场景下的负荷节点电压幅值约束。式中，$V^{\max}$ 和 $V^{\min}$ 分别为节点电压幅值的上限向量、下限向量；V_S 和 V_L 分别为发电机节点和负荷节点的电压幅值向量；$\Delta \tilde{V}_L$ 为负荷节点的随机电压幅值扰动向量。

（4）自动发电控制机组备用容量约束

$$\Delta P_G^{\text{up}} \geq e^{\text{T}} (P_W - P_W^l) \alpha_G \tag{4.107}$$

$$\Delta P_G^{\text{dn}} \geq e^{\text{T}} (P_W^u - P_W) \alpha_G \tag{4.108}$$

式中，ΔP_G^{up}、ΔP_G^{dn} 分别为自动发电控制机组所配置的上调、下调备用容量向量；e 为单位向量；P_W 为风电功率预测值向量；P_W^u、P_W^l 分别为风电有功扰动可接纳范围的上界向量、下界向量；α_G 为常规发电机参与因子向量。

（5）参与因子约束

$$e^{\text{T}} \alpha_G = 1 \tag{4.109}$$

（6）自动发电控制机组发电容量约束

$$P_G^{\min} + \Delta P_G^{\text{dn}} \leq P_G \leq P_G^{\max} - \Delta P_G^{\text{up}} \tag{4.110}$$

式中，$P_G^{\max}$、$P_G^{\min}$ 分别代表自动发电控制机组发电容量的上界向量、下界向量；代表自动发电控制机组输出有功功率的运行基点向量；ΔP_G^{up}、ΔP_G^{dn} 分别代表自动发电控制机组所配置的上调、下调备用容量向量。

（7）无功容量约束

$$Q_{\text{RUS}}^{\min} \leqslant Q_{\text{RUS}} + \Delta \tilde{Q}_{\text{RUS}} \leqslant Q_{\text{RUS}}^{\max} \qquad (4.111)$$

式中，Q_{RUS}、$\Delta \tilde{Q}_{\text{RUS}}$ 代表平衡节点与发电节点的无功功率输出运行基点向量、为应对电压波动所做出的无功功率调整量向量；$Q_{\text{RUS}}^{\max}$、$Q_{\text{RUS}}^{\min}$ 分别代表无功功率输出容量的上限向量、下限向量。

（8）支路传输容量约束

$$P_{\text{L}_e}^{\min} \leqslant P_{\text{L}_e} + \Delta \tilde{P}_{\text{L}_e} \leqslant P_{\text{L}_e}^{\max}, \qquad (4.112)$$

式中，P_{L_e}、$\Delta \tilde{P}_{\text{L}_e}$ 分别为支路在期望场景下的线路潮流向量、扰动场景下的潮流扰动向量；$P_{\text{L}_e}^{\min}$、$P_{\text{L}_e}^{\max}$ 分别为支路传输容量的上限向量、下限向量。

4.4.4 求解算法

1. 运行风险成本的可解化处理

本节沿用 4.3 节定义的系统运行风险指标，基于所构建的风电概率分布不确定集，与风电场 w 有关的系统运行风险 Z_{w}^{r} 可表示为

$$\max_{F_{\mu}(\tilde{p}_{\text{w}}) \in A} E_{\mu} \left(\rho^l (p_{\text{w}}^l - \tilde{p}_{\text{w}})^+ + \rho^u (\tilde{p}_{\text{w}} - p_{\text{w}}^u)^+ \right) \qquad (4.113)$$

式中，F_{μ} 为风电输出功率的累积概率密度函数，包含在风电概率分布不确定集 A 中；E_{μ} 为基于累计概率密度函数的期望；p_{w}^u 和 p_{w}^l 分别为风电扰动可接纳范围 ARWP 的上界、下界；$\tilde{p}_{\text{w}}$ 为风电随机功率，为随机变量；ρ^l 和 ρ^u 分别为甩负荷风险、弃风风险的成本系数。式（4.113）可进一步转化为

$$\max_{F_{\mu}(\tilde{p}_{\text{w}}) \in A} \left(\rho^l \int_0^{p_{\text{w}}^l} (p_{\text{w}}^l - \tilde{p}_{\text{w}}) P_{\mu}(\tilde{p}_{\text{w}}) \,\mathrm{d}\tilde{p}_{\text{w}} + \rho^u \int_{p_{\text{w}}^u}^{\overline{w}} (\tilde{p}_{\text{w}} - p_{\text{w}}^u) P_{\mu}(\tilde{p}_{\text{w}}) \,\mathrm{d}\tilde{p}_{\text{w}} \right) \qquad (4.114)$$

式中，$\overline{w}$ 为风电可能扰动的最大值；P_{μ} 为风电输出功率的累积概率密度函数 F_{μ} 对应的概率密度函数。基于分部积分法，式（4.114）可进一步转化为

$$\max_{F_{\mu}(\tilde{p}_{\text{w}}) \in A} \left(\rho^l \left((p_{\text{w}}^l - \tilde{p}_{\text{w}}) F_{\mu}(\tilde{p}_{\text{w}}) \Big|_0^{p_{\text{w}}^l} + \int_0^{p_{\text{w}}^l} F_{\mu}(\tilde{p}_{\text{w}}) \,\mathrm{d}\tilde{p}_{\text{w}} \right) + \rho^u \left((\tilde{p}_{\text{w}} - p_{\text{w}}^u) F_{\mu}(\tilde{p}_{\text{w}}) \Big|_{p_{\text{w}}^u}^{\overline{w}} - \int_{p_{\text{w}}^u}^{\overline{w}} F_{\mu}(\tilde{p}_{\text{w}}) \,\mathrm{d}\tilde{p}_{\text{w}} \right) \right)$$

$$(4.115)$$

式（4.115）可整理为

$$\max_{F_{\mu}(\tilde{p}_{\text{w}}) \in A} \left(\rho^l \int_0^{p_{\text{w}}^l} F_{\mu}(\tilde{p}_{\text{w}}) \,\mathrm{d}\tilde{p}_{\text{w}} + \rho^u \left(\overline{w} - p_{\text{w}}^u - \int_{p_{\text{w}}^u}^{\overline{w}} F_{\mu}(\tilde{p}_{\text{w}}) \,\mathrm{d}\tilde{p}_{\text{w}} \right) \right) \qquad (4.116)$$

显然，直接计算式（4.116），需要识别出风电概率分布不确定集 A 中的最差风电累积概率密度函数，难度较大。因此，此处通过构建式（4.116）的上界，实现对式（4.116）的鲁棒近似估计，从而提高式（4.116）的计算效率。式（4.116）的上界可构建如下：

$$\max_{F_{\mu 1}(\tilde{p}_{\text{w}}) \in A} \rho^l \int_0^{p_{\text{w}}^l} F_{\mu 1}(\tilde{p}_{\text{w}}) \,\mathrm{d}\tilde{p}_{\text{w}} + \max_{F_{\mu 2}(\tilde{p}_{\text{w}}) \in A} \rho^u \left(\overline{w} - p_{\text{w}}^u - \int_{p_{\text{w}}^u}^{\overline{w}} F_{\mu 2}(\tilde{p}_{\text{w}}) \,\mathrm{d}\tilde{p}_{\text{w}} \right) \qquad (4.117)$$

根据 4.3.2 节第 3 部分的分析，式（4.117）的第一项可作如下转换：

$$Cost_{\text{Risk}}^{1,w} = \max_{F_{\mu 1} \in A} \rho^1 \int_0^{p_w^{\downarrow}} F_{\mu 1}(\tilde{p}_w)\, \mathrm{d}\tilde{p}_w = \rho^1 \int_0^{p_w^{\downarrow}} F_{\text{b}}(\tilde{p}_w)\, \mathrm{d}\tilde{p}_w \qquad (4.118)$$

根据 4.3.2 节第 3 部分的分析，式（4.118）的第二项可转换如下：

$$Cost_{\text{Risk}}^{2,w} = \overline{w} - p_w^{\text{u}} - \int_{p_w^{\downarrow}}^{\overline{w}} F_{\text{a}}(\tilde{p}_w)\, \mathrm{d}\tilde{p}_w \qquad (4.119)$$

然后，采用累积方法，对式（4.118）和式（4.119）进行精确估计。以式（4.118）为例，对上述基于累积方法的精确估计过程进行说明。首先离散化随机风电 $\tilde{p}_{w1}$ 的取值范围，得到一系列离散点 $\{o_1^{w1}, o_2^{w1}, \cdots, o_s^{w1}, \cdots, o_S^{w1}\}$。需要注意的是，由于在 4.3.2 节第 3 部分中，假设了风电接纳有效安全域的边界只能在离散点处取值。因此，此处我们延续这一假设。然后，将风电样本重新按照升序排列为 $m_{w1}^1, m_{w1}^2, \cdots,$ $m_{w1}^n, \cdots, m_{w1}^N$，其中 $m_{w1}^{k_s} \leqslant o_s^{w1} \leqslant m_{w1}^{k_s+1}$。当 $p_w^{\downarrow} = o_s^{w1}$ 时，式（4.118）可通过下式精确估计：

$$\sum_{n=1}^{k_s} \hat{P}(m_{w1}^n)(m_{w1}^n - m_{w1}^{n-1}) + \hat{P}(m_{w1}^{k_s+1})(o_s^{w1} - m_{w1}^{k_s}) \qquad (4.120)$$

式中，$\hat{P}(m_{w1}^n)$ 和 $\hat{P}(m_{w1}^{k_s+1})$ 分别为风电随机输出功率累积概率密度函数置信带在点 o_s^{w1} 和点 $m_{w1}^{k_s+1}$ 处的上界。

2. 不确定参量的处理

在本节的实时调度优化模型中，约束含有不确定参量，不利于优化模型的求解，需要先将其转化为确定的约束。首先，将含有不确定参量的约束式（4.106）、式（4.111）和式（4.112）简写为如下的向量形式：

$$\begin{cases} \check{M} \leqslant M + J^{\text{T}}\Delta\tilde{P}_{\text{W1}} + S^{\text{T}}\Delta\tilde{P}_{\text{W2}} \leqslant \hat{M} \\ J^{\text{T}} = e^{\text{T}}(H_1^{\text{T}}\alpha_S) + e^{\text{T}}(H_2^{\text{T}}\beta_{\text{W2}}) + H_3^{\text{T}} \\ S^{\text{T}} = e^{\text{T}}(H_4^{\text{T}}\alpha_S) + H_5^{\text{T}} \end{cases} \qquad (4.121)$$

式中，H_i 为常数矩阵，$i = 1, 2, 3, 4, 5$。式（4.121）中的第一个约束等价于如下约束：

$$\begin{cases} \min_{\Delta\tilde{P}_{\text{W1}}}(J^{\text{T}}\Delta\tilde{P}_{\text{W1}}) + \min_{\Delta\tilde{P}_{\text{W2}}}(S^{\text{T}}\Delta\tilde{P}_{\text{W2}}) \geqslant \check{M} - M \\ \max_{\Delta\tilde{P}_{\text{W1}}}(J^{\text{T}}\Delta\tilde{P}_{\text{W1}}) + \max_{\Delta\tilde{P}_{\text{W2}}}(S^{\text{T}}\Delta\tilde{P}_{\text{W2}}) \leqslant \hat{M} - M \end{cases} \qquad (4.122)$$

式（4.122）中第二个约束的第一项可进一步转化为

$$\begin{aligned} \max_{\Delta\tilde{P}_{\text{W1}}}(J^{\text{T}}\Delta\tilde{P}_{\text{W1}}) &= \sum_{w1 \in W1} \max_{\Delta\tilde{P}_{\text{W1}}} \left[(J^{\text{T}})_{w1}\Delta\tilde{p}_{w1} \right] \\ &= \sum_{w1 \in W1} \max \left[(J^{\text{T}})_{w1}\Delta\check{p}_{w1}, (J^{\text{T}})_{w1}\Delta\hat{p}_{w1} \right] \end{aligned} \qquad (4.123)$$

式（4.122）中第二个约束的第二项也可进行类似的转化。由此，式（4.122）中的第二个含有不确定参量的约束可改写如下的确定约束：

$$\begin{cases} \sum_{w1 \in W1} N_{w1}^1 + \sum_{w2 \in W2} N_{w2}^2 \leqslant \hat{M} - M \\ N_{w1}^1 \geqslant (\boldsymbol{J}^{\mathrm{T}})_{w1} \Delta \check{P}_{w1}, N_{w1}^1 \geqslant (\boldsymbol{J}^{\mathrm{T}})_{w1} \Delta \hat{P}_{w1} \\ N_{w2}^2 \geqslant (\boldsymbol{S}^{\mathrm{T}})_{w2} \Delta \check{P}_{w2}, N_{w2}^2 \geqslant (\boldsymbol{S}^{\mathrm{T}})_{w2} \Delta \hat{P}_{w2} \end{cases} \tag{4.124}$$

同理，式（4.122）中的第一个约束也可进行类似的转化。由此，优化模型中含有不确定参量的约束转化为了确定的约束。

3. 双线性约束的线性化

至此，优化模型形成了双线性规划问题，本节采用 Big-M 法线性化模型中的双线性项 $\alpha_g \Delta p_w$、$\beta_{w2} \Delta \check{p}_{w1}$ 和 $\beta_{w2} \Delta \hat{p}_{w1}$。此处以双线性项 $\beta_{w2} \Delta \hat{p}_{w1}$ 的线性化为例进行说明，具体步骤如下。

1）首先借助一系列的分段点 $\{o_1^{w1}, o_2^{w1}, \cdots, o_s^{w1}, \cdots, o_S^{w1}, \forall w1\}$，将风电 $\tilde{p}_{w1}$ 的功率扰动范围等距分段。进而假设风电消纳有效安全域的上界只能在上述分段点上取值，那么双线性项中的 $\Delta \hat{p}_{w1}$ 可离散化如下：

$$\begin{cases} \Delta \hat{p}_{w1} = \sum_{s=1}^{S} p_{w1,s}^{\mathrm{u}} - \overline{p}_{w1}, \\ p_{w1,s}^{\mathrm{u}} = \eta_{w1,s} o_s^{w1}, \\ \sum_{s=1}^{S} \eta_{w1,s} = 1 \end{cases} \tag{4.125}$$

式中，$\eta_{w1,s}$ 为 0-1 整数变量，表示风电消纳有效安全域的上界 p_{w1}^{u} 是否在分段点 o_s^{w1} 处取值；$p_{w1,s}^{\mathrm{u}}$ 为风电输出有功功率有效安全域的上界 p_{w1}^{u} 的离散取值点；$\overline{p}_{w1}$ 为风电的期望输出有功功率。

2）采用 Big-M 法将步骤 1）形成的新的双线性项转化为混合整数线性形式，可表示如下：

$$\begin{cases} \beta_{w2} \eta_{w1,s} \leqslant M_{\mathrm{b}} \eta_{w1,s}, \\ \beta_{w2} \eta_{w1,s} \geqslant \beta_{w2} - M_{\mathrm{b}} (1 - \eta_{w1,s}), \\ \sum_{s=1}^{S} \eta_{w1,s} = 1 \end{cases} \tag{4.126}$$

式中，M_{b} 为一个足够大的正常数。同理，优化模型中的其他双线性项也可进行类似的转化。由此，优化模型中的双线性约束被转化为了混合整数线性约束，原双线性规划问题被转化为混合整数线性规划问题。

4.4.5 算例分析

在算例分析中，通过对简单的 6 节点系统、修改的 IEEE 118 节点系统和实际电网等效的 445 节点系统的测试，证明所提方法的有效性。所有算例仿真分析均在一台配置 Intel Xeon E5-1620 v4 处理器、3.50GHz 主频、64G 内存的台式工作站上实现，采用 GAMS 23.8.2 优化软件中的 CPLEX 求解器对所提优化模型形成的混合整数线性规划问题进行求解。除非额外说明，算例仿真分析中的参数设定如下：风电概率分布不确定集的置信概率水平设置为 0.95；所有风电场的装机容量均设置为 50MW；弃风和功率短缺的风险成本系数分别设置为 300 元/（MW·h）和 3000 元/（MW·h）[58]。在实际运行中，相关的风险成本系数可从历史数据或长期电力合同中估计获得。假设风电输出功率的真实分布为一个正态分布，其标准差设置为期望值的 20%。所有的风电样本均基于这一正态分布产生。

1. 6 节点系统算例分析

本节采用 4.3 节中的 6 节点测试系统进行算例仿真分析。假设 6 节点测试系统中的所有发电机组均采用为定电压控制策略，发电机组 G1 与 G2 为自动发电控制机组。节点 3、节点 5 和节点 6 的负荷分别设定为 70MW、150MW 和 90MW，且它们的功率因数均为 0.95。节点 4 和节点 5 分别接入了一个不可提供无功电压支撑的风电场和一个可提供无功电压支撑的风电场，其风电预测值分别设定为 30.3MW 和 22.6MW。

为验证所提方法的有效性，对如下的 5 种情况进行了对比分析，对比分析的结果见表 4.12。除场景 1 以外，每种场景中的电压幅值允许波动范围设置为 [0.96, 1.05]。

场景 1：采用所提方法，但不考虑节点电压安全约束；
场景 2：采用所提方法，但不考虑风电场提供无功电压支撑；
场景 3：采用所提方法，其中风电场提供恒定的无功电压支撑；
场景 4：采用所提方法，其中考虑风电场采用线性决策规则提供电压支撑；
场景 5：采用所提方法，其中考虑风电场采用定电压控制策略提供电压支撑。

表 4.12　不同优化方法的决策结果

	风电消纳有效安全域大小/MW	总运行成本/元	风险成本/元	电压是否安全
场景 1	1616.9	759558	7101	否
场景 2	1557.1	758826	7702	是
场景 3	1386.7	756307	103.6	是
场景 4	1498.3	757561	166.7	是
场景 5	1386.7	756307	103.6	是

首先，从表 4.12 中可以看到，如果在新能源并网消纳优化决策过程中不考虑节点电压安全约束（即场景 1），那么系统的电压安全将得不到保证，表明了在新能源并网消纳优化决策过程中考虑节点电压安全约束的必要性。这是因为，有功的扰动通常也会伴随着无功的扰动，从而导致节点电压发生波动。而且，虽然节点电压受有功的影响小，但是大幅度的有功波动也将引起节点电压的明显波动。其次，与场景 2 相比，场景 3~5 均能获得更优的决策结果，即更低的总运行成本和更大的风电扰动可接纳范围。

这是因为，当风电场 W2 提供无功备用时，系统有了更多的电压支撑能力应对风电扰动导致的节点电压波动，火电机组的无功需求得以降低。因此，火电机组能够运行在最佳经济运行点附近，降低了火电机组的发电成本。同时，降低了电压安全约束对新能源并网消纳效果的影响，扩大了风电消纳有效安全域，从而降低了系统运行风险成本。另外，虽然线性决策规则下的风电风电消纳有效安全域与定电压控制策略下的风电风电消纳有效安全域相似，但是与定电压控制策略相比，采用线性决策规则能够获得经济性更好的决策结果。这是因为，定电压控制策略是一个本地控制方法，仅利用本地信息作出局部最优决策。而线性决策规则利用了全局信息，因此能够获得全局最优解。此外，线性决策规则下风电场 W2 的节点电压允许在一定范围内波动，而定电压控制策略下风电场 W2 的节点电压必须维持恒定，导致了更小的寻优空间。

表 4.13 展示了所提方法中采用的线性潮流模型所导致的计算误差，其中，总成本误差指的是所提模型的总成本与基于交流潮流模型的总成本的相对误差，电压误差指的是所提模型的电压幅值与将锁体模型决策结果应用于交流潮流模型中的电压幅值的相对误差。从表 4.13 中可以看到，基于线性潮流模型的所提方法具有较高的计算精度。

表 4.13　不同风电预测误差下的计算误差

风电预测误差/MW	−10	−5	0	5	10
总成本误差	0.46%	0.51%	0.55%	0.62%	0.69%
电压平均误差	0.23%	0.29%	0.18%	0.31%	0.27%

2. 修改的 IEEE 118 节点系统算例分析

本节算例仿真测试中的修改的 IEEE 118 节点系统与 4.3 节中相同，并在 17 节点和 99 节点处分别接入一个以固定功率因数运行的风电场，在 66 节点处接入一个可提供无功支撑的风电场，风电场的容量均设置为 50MW。66 节点处的风电场采用线性决策规则提供无功支撑。

图 4.24 展示了不同样本容量下和不同置信区间估计方法下的调度决策结果，其中，"PW-CI"代表本节所提方法采用的置信区间估计方法，"FW-CI"代表参考文献［105］的置信区间估计方法，"True PD"代表真实分布已知的方法。从图中可以看出，随着样本容量的增加，"PW-CI"和"FW-CI"两类方法下的决策结果逐渐逼近于真实分布已知情况下的决策结果。因此，在实际应用中，应尽可能地扩大样本容量，以更好地决策结果。当然，如果仅能获得少量的样本数据，虽然所提方法决策结果的保守性偏高，但能够保证其决策结果的可靠性。此外，从图中也可看出，在相同样本容量下，"PW-CI"方法构建的累积概率密度函数置信带总比"FW-CI"方法的窄，从而得到保守性更低的决策结果，表明了所提方法在改善决

策结果保守性方面的优势。

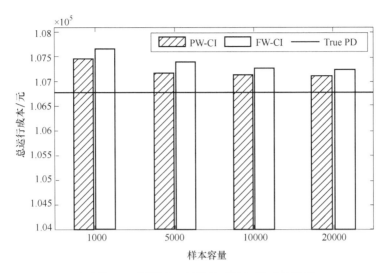

图4.24　不同置信区间估计方法下的对比结果

为了验证所提方法在处理不确定性方面的优势，对比以下方法：

1）所提方法；

2）传统的鲁棒优化方法，其不确定集预先给定为风电的扰动域；

3）随机规划方法，其假设风电的真实分布为拉普拉斯分布；

4）基于矩信息的分布鲁棒方法，其基于风电样本数据的均值和方差构建风电概率分布不确定集。

在每个方法求解获得决策结果之后，采用蒙特卡洛模拟方法根据风电真实分布产生另外 10^6 个风电样本，测试上述方法决策结果在实际运行中的表现。图4.25 和表4.14 展示了所提方法决策结果的相对误差和不同方法决策结果中总运行成本的对比结果。从图4.25 和表4.14 可以得到如下结论：

1）通过增加样本的容量，可以改善所提方法决策结果的保守性，表明了所提方法具有较强的数据挖掘能力。这是因为当样本容量增加时，根据大数定律，能够估计获得更精确的每个风电样本点处的累积概率，从而每个风电样本点处累积概率的置信区间得以缩小，进而能够将更多不可能的概率分布排除在概率分布不确定集之外。此时，基于最差分布的所提方法将能获得保守性更低的决策结果。

2）所提方法决策结果中的总成本介于鲁棒方法和随机规划方法之间。这是因为所提方法充分利用了风电的概率分布信息，而鲁棒优化仅关注于风电扰动的边界，忽略了风电的概率分布信息。同时，所提方法构建概率分布不确定集描述风电概率分布的不确定性，而随机规划直接采用了基于历史数据的经验分布，忽略了风电概率分布的不确定性，导致了更激进的决策结果。虽然随机规划方法能够获得经济性更佳的决策结果，但这是以降低系统运行可靠性为代价的结果，将导致系统的运行风险水平无法满足要求，见表4.15。

3）当样本容量较少时，M-DRO方法的总成本与所提方法的总成本接近，但随着样本容量的增多，M-DRO方法总成本与所提方法总成本的差距逐渐增大。这是因为M-DRO方法仅仅利用了历史数据中的矩信息，当样本容量较多时，也仅仅是能够获得更为精确的概率分布矩信息。即使能够获得精确的矩信息，M-DRO方法也必须要考虑所有有相同矩信息的概率分布。与之不同的是，所提方法在概率分布不确定集构建过程中，计及了更多的概率分布信息，因此，能够将更多的不可能分布排除在概率分布不确定集之外。

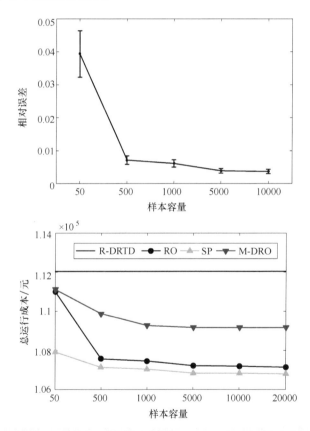

图4.25　不同样本容量下决策结果的相对误差（上图）与总运行成本（下图）

表4.14还展示了不同方法计算效率的对比结果。显然，所提方法的计算效率远高于随机规划方法，与鲁棒优化方法和M-DRO方法类似，表明了所提方法具有较高的计算效率。另一方面，随着样本容量的增加，所提方法的计算时间仅有较小

的波动，这为增加样本容量以降低决策结果的保守性提供了可能。

表4.14　不同优化方法下的决策结果

方法	样本容量/个	总运行成本/元	计算时间/s
R-DRTD	10^3	107462	1.640
	5×10^3	107224	1.355
	10^4	107200	1.245
	2×10^4	107150	1.520
M-DRO	2×10^4	109372	1.320
SP	2×10^4	106807	2.790
RO	2×10^4	112041	0.950

注：R-DRTD 代表所提方法，M-DRO 代表基于矩信息的分布鲁棒方法，SP 代表随机规划方法，RO 代表鲁棒优化方法。

表4.15展示了不同方法决策结果运行风险置信水平的对比结果，其中，系统运行风险的置信概率设定为95%。显然，所提方法决策结果的运行风险置信水平高于随机规划方法，尤其是在样本较少时。这是因为，当样本较少时，随机规划方法基于历史样本数据估计获得的经验分布的不确定性更大，而所提方法借助概率分布不确定集，计及了概率分布的不确定性，以此，能够保证决策结果运行风险的置信水平。因此，虽然随机规划方法决策结果的经济性更佳，但其无法保证决策结果运行风险的置信水平，也就不适合应用于对决策结果运行风险的置信水平要求较高的优化问题。当然，如果优化问题更倾向于获得经济性更好的决策结果，随机规划方法不失为一个合适的选择。

表4.15　不同优化方法下的系统风险指标

样本容量	50	500	5000	10000
所提方法	99.1%	98.2%	97.4%	96.9%
随机规划方法	80.5%	86.9%	89.2%	90.3%

表4.16展示了修改的IEEE 118节点系统下所提方法的分段线性化中采用不同分段点数量的对比结果。从表中可以看到，当分段点的数量增长到10以后，系统的总运行成本基本不随分段点数量的增长而有较大的改变。这表明，对于修改的IEEE 118节点系统而言，所提方法采用10个分段点即能够得到较高计算精度的优化决策结果。当然，随着分段点数量的增加，所提方法的计算时间也在不断增加。但是在采用10个分段点的情况下，所提方法的计算效率能够满足在线应用的要求。

表 4.16　不同分段线性化分段数目下的决策结果

分段数	6	8	10	12	14
计算时间/s	1.12	1.31	1.52	1.69	1.92
总运行成本/元	107826	107265	107150	107093	107083

表 4.17 展示了实际某电网等效的 445 节点系统下所提方法的计算效率，其中，所提方法的分段线性化中采用 10 个分段点。从表中可以看到，即使在电网中接入 50 个风电场的情况下，所提方法的计算时间也能够满足在线应用的要求，表明了所提方法在大系统中的应用潜力。

表 4.17　不同风电场数量下的计算效率

风电场数量	5	10	15	20	25	30	40	50
计算时间/s	4.9	5.5	6.7	7.4	9.8	13.1	20.2	27.3

4.4.6　小结

本节提出了一种高阶不确定条件下计及节点电压约束的新能源消纳有效安全域优化方法。方法实现了在系统新能源消纳有效安全域优化决策过程中对节点电压安全的考虑，给出了有功、无功协调的新能源并网消纳优化方案，保证了系统新能源并网消纳优化结果在实施过程中的节点电压安全。同时，方法给出了风电场提供电压支撑的无功补偿策略，进而通过协调优化火电机组和风电场的电压支撑能力，充分挖掘了系统中的电压支撑能力，有效降低了系统电压支撑能力不足对新能源并网消纳优化决策的影响，在有效提升了系统运行经济性的同时，也改善了系统的节点电压安全水平。方法中，计及电压的线性潮流响应模型的提出与应用简化了优化模型的构建，降低了模型的复杂度。此外，给出了模型求解算法，进一步提升了计算效率，从而保证了所提方法在实际大系统中的应用潜力。简单 6 节点系统、修改的 IEEE 118 节点系统和实际电网等效的 445 节点系统的仿真结果验证了所提方法的有效性。

4.5　本章小结

本章面向实时调度尺度下电网新能源消纳能力优化问题，提出了四种实时调度中的新能源消纳有效安全域优化方法，为了控制决策的保守性，提出了一种保守度可控的新能源消纳有效安全域优化方法，通过引入的保守度控制系数，实现了决策结果的人为可控。为了进一步降低决策的保守性，提出了一种计及随机统计特性的新能源消纳有效安全域优化方法，有机融合了鲁棒优化方法和随机规划方法，确保了新能源并网的安全性和调度决策的经济性。针对高阶不确定性问题，提出了高阶不确定条件下新能源消纳有效安全域方法，结合拓展的非精确狄利克雷模型，实现了概率分布确定情况下的新能源消纳有效安全域优化。针对有功调度决策中的节点电压越限问题，提出了计及节点电压约束的新能源消纳有效安全域方法，通过引入节点电压约束，保障了新能源消纳有效安全域优化过程中的节点电压安全。需要指出的是，虽然本书仅将上述方法应用在实时调度场景中，但实际上，上述方法同样适用于超前调度、日前机组组合、输配协同调度等典型场景，具有较好的普适性。

Chapter 5
第5章

柔性超前调度中的 ◄◄◄◄ 新能源消纳有效 安全域优化

5.1 引言

　　超前调度的概念起源于 20 世纪 80 年代[59]，旨在制定未来几个小时内电力系统的发电计划。超前调度能够利用短期发电和负荷的预测值，结合时间关联约束，有利于提高风电等新能源发电的利用率[60]，是日前调度和实时调度的重要补充[61,62]。高比例新能源并入电力系统，缓解了环境与能源的压力。然而，风电、光伏等新能源发电的波动性和不确定性也对超前调度提出了更高的要求，特别是在电力系统灵活性能力方面，需要电力系统时刻保持足够的灵活性，以应对大规模新能源并网接入带来的运行风险[63,64]。

　　电力系统灵活性是指系统在处理发电侧和需求侧的波动性和不确定性时，以合理的成本保持较高运行可靠性水平的能力[65]。这里，波动性可以理解为发电与负荷在时段间明显的功率变化，而不确定性则是指对于未来时段，我们无法准确获知其发电与负荷功率值，灵活性就是指应对波动性与不确定性的能力。电力系统运行的灵活性提升可以通过在超前调度框架下配备充足的备用容量来实现，目前已有较多的相关研究。例如，参考文献［66］在考虑功率时序变化的备用配置模型基础上，尝试着进一步更新与扩展了电力系统灵活性的概念。参考文献［67］研究了利用负荷来提供灵活性能力的可行性和有效性。在参考文献［68］中，需求侧的灵活性能力被用于配合火力发电机组的发电优化。此外，通过储能系统[69]和风机控制[70]来提高超前调度中电力系统灵活性的相关研究也有所开展。

　　然而，由于电力系统灵活性受到各种物理约束的限制，并且配置备用将增加发电机组的发电成本，因此，不确定的新能源发电，例如风电、光伏等，可能无法在所有时刻均实现完全消纳。超前调度必须在提供充足备用以消纳更多新能源发电和降低系统运行成本之间取得平衡。参考文献［71］提出一种寻找最灵活运行计划的方法，该方法可以更好地应对运行风险。参考文献［72］首次评估了电力系统灵活性配置如何影响经济调度，并用灵敏度分析的方法建立了发电成本和运行风险指标之间的联系。这些研究有助于理解备用配置问题，但它们都是基于随机规划的方法，求解过程对于大型系统来说通常是棘手的，不符合超前调度的在线计算要求。

由此，在上述背景下，本章以风电消纳为例，提出了柔性超前调度中的新能源消纳有效安全域优化方法，方法借鉴鲁棒优化的建模思路构建超前调度优化模型，使得模型更易求解，适合大规模电力系统应用；同时，将风电的概率分布函数引入到优化过程，使方法可以获得具有统计优性的优化结果；方法可实现新能源消纳有效安全域的优化，在备用成本与风电接纳风险之间进行权衡。本章方法与第4章方法的主要区别体现在考虑了时间关联约束，以满足系统新能源发电消纳的柔性需求。

5.2 超前调度中风电消纳的有效安全域

备用容量和响应速率决定了电力系统运行的灵活性。对于传统的短期调度而言，备用配置主要考虑了备用容量的充足性，而忽略了其连续响应的速率问题。然而，对于高比例风电接入的电力系统，由于风电功率变化较快，即使系统具有足够的备用容量，也可能由于发电机组爬坡速率的限制，导致无法及时释放备用容量来应对风电功率的突然变化。考虑到期望场景和扰动场景下备用在连续时段持续响应速率的要求，电力系统的灵活性容量可以被理解为具有足够功率变化速率能够在规定时间内被释放出来的备用容量[65]。在超前调度的决策框架中，灵活性容量与AGC机组的运行基点和参与因子配置密切相关[73]。

电力系统的灵活性可以通过各个节点扰动的有效接纳区间进行量化，即节点的有效安全域，对于风电注入的节点，此区间被表述为风电功率（扰动）可接纳范围（Admissible Region of Wind Power，ARWP）[73]。正如有效安全域的定义，ARWP 是风电功率不确定扰动范围的一部分，在该范围内的任何风电功率扰动都可以被系统消纳而不会引起如弃风或功率短缺等系统的运行风险。风电功率扰动接纳范围受到备用容量、备用响应速率和电网输电能力的约束[74]。图 5.1 显示了在某风电并入节点上，由于备用响应速率限制而导致的风电功率扰动接纳范围在时段间的牵制关系。

图 5.1a 显示了该节点在 t 时刻可接纳的向上的风电扰动接纳范围 $\mathrm{ARWP}_t^{\mathrm{u}}$ 与该节点在 $t+1$ 时刻可接纳的向下的风电扰动接纳范围 $\mathrm{ARWP}_{t+1}^{\mathrm{d}}$ 之间的牵制关系。

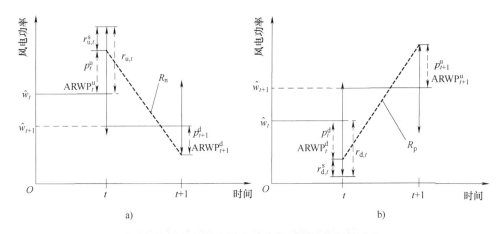

图 5.1　连续时段上风电功率扰动接纳范围的确定

图中，$\hat{w}_t$ 为 t 时刻的风电功率的预测值；$r_{u,t}$ 表示不考虑时间关联性时，节点上可以允许的风电扰动范围，$r_{u,t}^{s}$ 是指考虑到时间关联性，为了为 $t+1$ 时刻预留足够的向下的风电扰动接纳能力而舍弃的 t 时刻的向上的风电扰动接纳范围，p_t^{u} 则为 t 时刻可用的向上的扰动接纳范围，三者满足 $r_{u,t}^{s}=r_{u,t}-p_t^{u}$；$R_n$ 是该节点上所能获得的最大的下调速率。可以看出，为了保证在 $t+1$ 时刻节点有足够的下扰动接纳能力 p_{t+1}^{d}，t 时刻节点的上调能力 $r_{u,t}$ 并不能完全被利用。图 5.1b 则显示了节点在 t 时刻可接纳的向下的风电扰动范围 $ARWP_t^{d}$ 与该节点在 $t+1$ 时刻可接纳的向上的风电扰动范围 $ARWP_{t+1}^{u}$ 之间的牵制关系，结合对图 5.1a 的解释很好理解，不再赘述。

5.3　优化模型

5.3.1　目标函数

降低系统的运行成本是电力系统优化调度的重要任务。总的来说，灵活性容量的配置会在正反两个方面影响系统的运行成本：一方面，灵活性容量的配置会迫使发电机远离其经济运行点，这将增加火力发电机组的燃料成本；另一方面，灵活性容量的配置可降低系统弃风和甩负荷的风险，从而减少相应的损失。此外，提供灵活性容量自身的成本也应计算在内，因为提供灵活性容量通常不是免费的。

因此，模型总的运行成本应包括发电成本，备用成本和与风电功率接纳 CVaR 相关的风险成本。在不失一般性的前提下，为简化表达，假设超前调度所调控的所有机组都是 AGC 机组。那么，目标函数可表示为

$$Z = \min \sum_{t=1}^{T} \sum_{i=1}^{N_a} \left(c_{i,t} p_{i,t} + \hat{c}_{i,t} \Delta \hat{p}_{i,t}^{\max} + \breve{c}_{i,t} \Delta \breve{p}_{i,t}^{\max} \right) +$$

$$\sum_{t=1}^{T} \sum_{m=1}^{M} \theta^{u} \int_{w_{m,t}^{u}}^{w_{m}^{\max}} (x_{m,t} - w_{m,t}^{u}) P_{r}^{m,t}(x_{m,t}) \, dx_{m,t} + \qquad (5.1)$$

$$\sum_{t=1}^{T} \sum_{m=1}^{M} \theta^{l} \int_{0}^{w_{m,t}^{l}} (w_{m,t}^{l} - x_{m,t}) P_{r}^{m,t}(x_{m,t}) \, dx_{m,t}$$

式中，T 为超前调度的前瞻时段数；其余参数与变量 N_a、$c_{i,t}$、$p_{i,t}$、$\hat{c}_{i,t}$、$\breve{c}_{i,t}$、$\Delta\hat{p}_{i,t}^{\max}$、$\Delta\breve{p}_{i,t}^{\max}$、$M$、$\theta^{u}$、$\theta^{l}$、$w_{m}^{\max}$、$w_{m,t}^{u}$、$w_{m,t}^{l}$、$x_{m,t}$、$P_{r}^{m,t}(x_{m,t})$ 均与上一章目标函数中有关参数与变量的物理意义相同。

5.3.2　约束条件

1. 运行基点的功率平衡约束

系统的负荷需求（除去非 AGC 机组承担的部分）需在 AGC 机组上进行分配，满足如下约束：

$$\sum_{i=1}^{N_a} p_{i,t} + \sum_{m=1}^{M} \hat{w}_{m,t} = \sum_{j=1}^{N_d} d_{j,t} - D_t \qquad (5.2)$$

式中，$\hat{w}_{m,t}$ 为节点 m 风电功率在时刻 t 的预测值；N_d 为负荷节点数目；$d_{j,t}$ 为负荷节点 j 上在时刻 t 的负荷量；D_t 为由非 AGC 机组承担的负荷量，超前调度时为确定值。

2. AGC 机组的备用容量约束

在运行过程中，AGC 机组所需提供的最大调节量，即机组所需提供的备用容量，由系统范围内的最大扰动量和机组参与因子共同决定。同时，受到机组自身能力的限制，机组所能提供的向上、向下的备用容量是有限的，对应约束可以表示为

$$\begin{cases} \Delta \hat{p}_{i,t}^{\max} \geqslant \alpha_{i,t} \sum_{m=1}^{M} \Delta \breve{w}_{m,t}^{\max}, & i = 1, 2, \cdots, N_a \\ \Delta \breve{p}_{i,t}^{\max} \geqslant \alpha_{i,t} \sum_{m=1}^{M} \Delta \hat{w}_{m,t}^{\max}, & i = 1, 2, \cdots, N_a \end{cases} \qquad (5.3)$$

式中，$\alpha_{i,t}$ 为 AGC 机组 i 在 t 时段分配的参与因子；$\Delta\hat{w}_{m,t}^{\max}$、$\Delta\breve{w}_{m,t}^{\max}$ 为节点 m 在时段 t 所允许的风电功率向上、向下的最大扰动量。其中，对于每个调度时段，各个机组的参与因子需满足

$$\sum_{i=1}^{N_a} \alpha_{i,t} = 1 \qquad (5.4)$$

3. 机组时段间调节能力约束

机组在时段间的调节能力约束是为了保证机组有足够的调整能力，应对负荷时段间的波动，约束描述了相邻时段间机组输出功率之间的关系，确保即使在最严苛的调整需求情况下，机组的调节能力仍然能够满足所分配的发电调整任务。

$$\begin{cases} p_{i,t+1} - p_{i,t} + \Delta\breve{p}_{i,t}^{\max} + \Delta\hat{p}_{i,t+1}^{\max} \leq R_{\mathrm{p},i}, & i = 1,2,\cdots,N_{\mathrm{a}} \\ p_{i,t} - p_{i,t+1} + \Delta\hat{p}_{i,t}^{\max} + \Delta\breve{p}_{i,t+1}^{\max} \leq R_{\mathrm{n},i}, & i = 1,2,\cdots,N_{\mathrm{a}} \end{cases} \tag{5.5}$$

式中，$R_{\mathrm{p},i}$、$R_{\mathrm{n},i}$ 为 AGC 机组 i 在相邻两个时段内的向上、向下的功率调整速率限值。

4. AGC 机组容量约束

$$\begin{cases} p_{i,t} - \Delta\breve{p}_{i,t}^{\max} \geq p_i^{\min}, & i = 1,2,\cdots,N_{\mathrm{a}} \\ p_{i,t} + \Delta\hat{p}_{i,t}^{\max} \leq p_i^{\max}, & i = 1,2,\cdots,N_{\mathrm{a}} \end{cases} \tag{5.6}$$

式中，$p_i^{\max}$、$p_i^{\min}$ 为 AGC 机组 i 的最大、最小技术出力值。

5. 支路潮流约束

使用发电转移分布因子，对于调度目标时段 t，支路潮流约束可表示为

$$\begin{cases} \sum_{i=1}^{N_{\mathrm{a}}} M_{il}(p_{i,t} + \Delta\tilde{p}_{i,t}) + \sum_{m=1}^{M} M_{ml}(\hat{w}_{m,t} + \Delta\tilde{w}_{m,t}) \geq -T_{\mathrm{n},l}, & l = 1,2,\cdots,L \\ \sum_{i=1}^{N_{\mathrm{a}}} M_{il}(p_{i,t} + \Delta\tilde{p}_{i,t}) + \sum_{m=1}^{M} M_{ml}(\hat{w}_{m,t} + \Delta\tilde{w}_{m,t}) \leq T_{\mathrm{p},l}, & l = 1,2,\cdots,L \end{cases} \tag{5.7}$$

式中，$\Delta\tilde{p}_{i,t}$ 为 AGC 机组 i 在 t 时刻的输出功率调整量；$\Delta\tilde{w}_{m,t}$ 为节点 m 在 t 时刻注入风电功率的扰动量。考虑到 $\Delta\tilde{p}_{i,t} = \alpha_{i,t} \sum_{m=1}^{M} \Delta\tilde{w}_{m,t}$，式（5.7）可进一步转化为

$$\begin{cases} \sum_{m=1}^{M} \left(M_{ml} + \sum_{i=1}^{N_{\mathrm{a}}} M_{il}\alpha_{i,t} \right) \Delta\tilde{w}_{m,t} \geq \\ \qquad -T_{\mathrm{n},l} - \sum_{i=1}^{N_{\mathrm{a}}} M_{il}p_{i,t} - \sum_{m=1}^{M} M_{ml}\hat{w}_{m,t}, \quad l = 1,2,\cdots,L \\ \sum_{m=1}^{M} \left(M_{ml} + \sum_{i=1}^{N_{\mathrm{a}}} M_{il}\alpha_{i,t} \right) \Delta\tilde{w}_{m,t} \leq \\ \qquad T_{\mathrm{p},l} - \sum_{i=1}^{N_{\mathrm{a}}} M_{il}p_{i,t} - \sum_{m=1}^{M} M_{ml}\hat{w}_{m,t}, \quad l = 1,2,\cdots,L \end{cases} \tag{5.8}$$

目标函数式（5.1）和约束条件式（5.2）~式（5.6）、式（5.8）构成所提出的柔性超前调度的风电消纳有效安全域优化模型，决策变量是 AGC 机组的运行基点、参与因子以及节点风电消纳有效安全域。模型构成了含有不确定变量的非线性优化问题。

5.4 模型可解化处理

由于本章建立的优化模型从结构上讲与 4.3 节中的优化模型有着较高的相似度，因此仍可采用 4.3 节基于分段线性化方法、Big-M 法和分解方法的求解算法进行求解。然而，在分解方法的每次迭代中，所有未被添加到松弛模型中的支路传输功率约束都必须通过求解一系列的线性规划问题来检查，这可能会增加求解的计算

量，特别是对于大规模电力系统而言，此矛盾将会更为突出。为了克服这个缺点，在应用分解算法之前，这里借鉴应用于确定性机组组合问题的支路传输功率约束的预筛选方法[108]，发展出一种适用于本章模型求解的支路传输功率约束的预筛选方法，来提前消除式（5.8）中大部分的无效约束，提高求解算法的执行效率。

考虑以下求取支路传输功率最大值的优化问题，并将该问题标记为 ICF 问题：

$$T_{i,t}^{\max}(\tilde{w}_{m,t}) = \max_{\tilde{p}_{i,t}} \sum_{m=1}^{M} M_{ml}\tilde{w}_{m,t} + \sum_{i=1}^{N_a} M_{il}\tilde{p}_{i,t} \tag{5.9}$$

$$\text{s. t.} \quad \sum_{i=1}^{N_a} \tilde{p}_{i,t} = D_t - \sum_{m=1}^{M} \tilde{w}_{m,t}, \ \forall t \tag{5.10}$$

$$0 \leqslant \tilde{p}_{i,t} \leqslant p_i^{\max}, \ \forall i, \ \forall t \tag{5.11}$$

式中，$\tilde{w}_{m,t}$ 为风电功率随机量；$\tilde{p}_{i,t}$ 为常规机组对应的发电功率。在上述 ICF 优化问题中，决策变量为 $\tilde{p}_{i,t}$，$\tilde{w}_{m,t}$ 被当作参数，最后求解得到的最优解以及最优目标函数值将被表示为含有参数 $\tilde{w}_{m,t}$ 的表达式。

约束式（5.10）为功率平衡约束，由原问题约束式（5.2）~式（5.3）松弛得到；约束式（5.11）是发电机容量约束，由原问题约束式（5.5）~式（5.6）松弛获得。显然，上述 ICF 松弛问题的可行域包含了原问题的可行域。从而，上述 ICF 最大化问题的目标函数（5.9）的最优解将是原优化问题中对应支路传输功率的上界。

此外，根据参考文献［108］的分析，ICF 的最优解可以直接获得而不必求解优化问题。对于序列 $i_1, \cdots, i_e, \cdots, i_{N_a}$，满足 $M_{i_1 l} \geqslant \cdots \geqslant M_{i_e l} \geqslant \cdots \geqslant M_{i_{N_a} l}$，可根据此序列，对目标函数式（5.9）右边第二项进行重新排列，得到：

$$T_{i,t}^{\max}(\tilde{w}_{m,t}) = \max_{\tilde{p}_{i,t}} \sum_{m=1}^{M} M_{ml}\tilde{w}_{m,t} + \sum_{e=1}^{N_a} M_{i_e l}\tilde{p}_{i_e,t} \tag{5.12}$$

这时，若存在整数 $k(1 \leqslant k \leqslant N_a)$，满足 $\sum_{e=1}^{k-1} p_{i_e}^{\max} \leqslant D_t - \sum_{m=1}^{M} \tilde{w}_{m,t} \leqslant \sum_{e=1}^{k} p_{i_e}^{\max}$，则：

$$T_{l,t}^{\max}(\tilde{w}_{m,t}) = \sum_{e=1}^{k-1} (M_{i_e l} - M_{i_k l}) p_{i_e}^{\max} + \sum_{m=1}^{M} (M_{ml} - M_{i_k l})\tilde{w}_{m,t} \tag{5.13}$$

证明如下：

若存在整数 $k(1 \leqslant k \leqslant N_a)$，满足 $\sum_{e=1}^{k-1} p_{i_e}^{\max} \leqslant D_t - \sum_{m=1}^{M} \tilde{w}_{m,t} \leqslant \sum_{e=1}^{k} p_{i_e}^{\max}$，则显然：

$$0 \leqslant \tilde{p}_{i_e,t}^* = D_t - \sum_{m=1}^{M} \tilde{w}_{m,t} - \sum_{e=1}^{k-1} p_{i_e}^{\max} \leqslant p_{i_k}^{\max} \tag{5.14}$$

令：

$$\begin{cases} \tilde{p}_{i_e,t}^* = p_{i_e}^{\max} & (e \leqslant k-1) \\ \tilde{p}_{i_e,t}^* = D_t - \sum_{m=1}^{M} \tilde{w}_{m,t} - \sum_{e=1}^{k-1} p_{i_e}^{\max} & (e = k) \\ \tilde{p}_{i_e,t}^* = 0 & (e > k) \end{cases} \tag{5.15}$$

则根据式（5.15），可得

$$\begin{cases} \sum\limits_{e=1}^{N_a} \tilde{p}_{i_e,t}^* = D_t - \sum\limits_{m=1}^{M} \tilde{w}_{m,t}, \\ 0 \leqslant \tilde{p}_{i_e,t}^* \leqslant p_{i_e}^{\max}, \ \forall e. \end{cases} \tag{5.16}$$

对比式（5.10）、式（5.11）与式（5.16），可知，式（5.15）定义的 $\tilde{p}_{i_e,t}^*$ 是 ICF 优化问题的一个可行解。

接下来，我们证明 $\tilde{p}_{i_e,t}^*$ 同时也是 ICF 优化问题的最优解。考虑 ICF 优化问题的对偶问题：

$$\min_{\lambda} L(\lambda) \tag{5.17}$$

其中

$$L(\lambda) = \max_{\tilde{p}_{i,t}} \sum_{m=1}^{M} M_{ml} \tilde{w}_{m,t} + \sum_{i=1}^{N_a} M_{il} \tilde{p}_{i,t} + \lambda \left(D_t - \sum_{m=1}^{M} \tilde{w}_{m,t} - \sum_{i=1}^{N_a} \tilde{p}_{i,t} \right) \tag{5.18}$$

$$\text{s. t.} \quad 0 \leqslant \tilde{p}_{i,t} \leqslant p_i^{\max} \tag{5.19}$$

式（5.18）可以通过重新组合转化为

$$L(\lambda) = \max_{\tilde{p}_{i,t}} \sum_{m=1}^{M} M_{ml} \tilde{w}_{m,t} + \sum_{i=1}^{N_a} (M_{il} - \lambda) \tilde{p}_{i,t} + \lambda \left(D_t - \sum_{m=1}^{M} \tilde{w}_{m,t} \right) \tag{5.20}$$

将式（5.20）第二项按照 $M_{i_1 l} \geqslant \cdots \geqslant M_{i_e l} \geqslant \cdots \geqslant M_{i_{N_a} l}$ 进行排列，可以得到

$$L(\lambda) = \max_{\tilde{p}_{i,t}} \sum_{m=1}^{M} M_{ml} \tilde{w}_{m,t} + \sum_{e=1}^{N_a} (M_{i_e l} - \lambda) \tilde{p}_{i_e,t} + \lambda \left(D_t - \sum_{m=1}^{M} \tilde{w}_{m,t} \right) \tag{5.21}$$

将原问题可行解 $\tilde{p}_{i_e,t}^*$ 代入式（5.21），并考虑式（5.16）所示的关系：$\sum\limits_{e=1}^{N_a} \tilde{p}_{i_e,t}^* = D_t - \sum\limits_{m=1}^{M} \tilde{w}_{m,t}$，式（5.21）可以进一步转化为

$$L(\lambda) = \max_{\tilde{p}_{i,t}} \sum_{m=1}^{M} M_{ml} \tilde{w}_{m,t} + \sum_{e=1}^{N_a} M_{i_e l} \tilde{p}_{i_e,t}^* \tag{5.22}$$

从式（5.18）和式（5.22）可以发现，对偶问题在 $\tilde{p}_{i_e,t}^*$ 最优解对应的目标函数值为

$$\min_{\lambda} L(\lambda) = \max_{\tilde{p}_{i,t}} \sum_{m=1}^{M} M_{ml} \tilde{w}_{m,t} + \sum_{e=1}^{N_a} M_{i_e l} \tilde{p}_{i_e,t}^* \tag{5.23}$$

而把可行解 $\tilde{p}_{i_e,t}^*$ 代入式（5.22），得原问题在此可行解下的目标函数值为

$$T_{i,t}^{\max}(\tilde{w}_{m,t}) = \max_{\tilde{p}_{i,t}} \sum_{m=1}^{M} M_{ml} \tilde{w}_{m,t} + \sum_{e=1}^{N_a} M_{i_e l} \tilde{p}_{i_e,t}^* \tag{5.24}$$

原问题与对偶问题的目标函数值相同，$\tilde{p}_{i_e,t}^*$ 即为原问题的最优解。

将最优解 $\tilde{p}_{i_e,t}^*$，见式（5.15），代入 ICF 问题的目标函数式（5.12）中，即可得规律式（5.13）。

类似地，可建立支路传输功率最小值的优化问题，其最优解将是原优化问题中对应支路传输功率的下界。同理，根据已有参考文献的分析，其最优解亦可直接获得：

$$T_{l,t}^{\min}(\tilde{w}_{m,t}) = \sum_{e=1}^{k-1}(M_{i_el}-M_{i_kl})p_{i_e}^{\max} + \sum_{m=1}^{M}(M_{ml}-M_{i_kl})\tilde{w}_{m,t} \qquad (5.25)$$

证明过程与支路传输功率最大值的优化问题的证明过程类似，这里不再赘述。

根据上述结论，在式（5.8）中的大多数无效传输约束可以通过使用以下方法快速识别。

对于任何 $l \in L$ 和 $t \in T$：

1）如果 $\min\limits_{\tilde{w}_{m,t}} T_{l,t}^{\min} \geq -T_l$，则式（5.8）的第一个约束是无效的；

2）如果 $\max\limits_{\tilde{w}_{m,t}} T_{l,t}^{\max} \leq T_l$，则式（5.8）的第二个约束是无效的。

使用这个扩展的无效约束筛选方法，可以显著提高计算速度。显然，上述无效约束筛选方法的效果与风电的波动范围紧密相关，波动范围越大，上述方法越保守；反之，越能筛选出更多的无效传输约束，当风电不波动时，上述方法能够筛选出全部的无效传输约束。

5.5 算例分析

本节分别对简单 6 节点系统，修改的 IEEE 118 节点系统和实际电网等效的 445 节点系统进行了测试分析，以验证方法的有效性。所有测试都是使用 GAMS 23.8.2 平台调用 CPLEX 12.6 商用求解器实现的，电脑配置为 Intel Core i5-3470 3.2GHz CPU 和 4GB RAM。

5.5.1 算例介绍

本章所采用的 6 节点测试系统结构图与 4.2 节算例分析中的 6 节点系统一致，如图 5.2 所示。假定系统中所有机组均为 AGC 机组。

表 5.1 列出了 AGC 机组的参数。对于两个风电场，其装机容量均为 50MW。为描述简单起见，假定风能均服从正态分布。测试系统中的总负荷和风电功率数据按 Eirgrid 电网的实测数据等比例缩减以适应测试系统，如图 5.3 所示。风电扰动的标准差设为实际值的 20%[75]。超前调度的时间分辨率和前瞻时长分别设置为 15min 和 3h，分段线性估计中的分段数被设置为 8（后文有对其计算精度的分析）。θ^u 和 θ^l 分别设为 300 元/（MW·h）和 3000 元/（MW·h）。在实际运行中，价格 θ^u 和 θ^l 可以根据历史数据或长期电力合同进行选择。需要注意的是，这些价格的设定与系统运营商的风险态度密切相关，风险规避者倾向于选择较高的价格，从而得到具有较低运行风险和较高运行成本的调度结果，相反，风险激进者倾向于采用较低的价

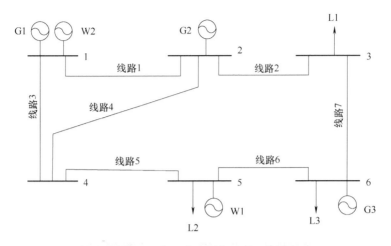

图 5.2　含 2 风电场的 6 节点测试系统接线图

格，获得的调度结果运行成本较低，但运行风险较高。

表 5.1　6 节点系统机组参数

机组	功率上限/MW	功率下限/MW	发电成本/ 元/（MW·h）	爬坡速率/ （MW/h）	备用价格/ 元/（MW·h）
G1	250	80	400	24	40
G2	185	40	420	15	42
G3	130	20	440	13	44

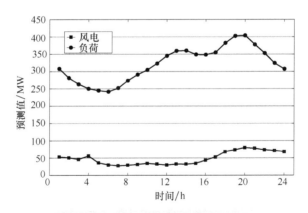

图 5.3　负荷和风电功率的预测值

5.5.2　优化结果分析

图 5.4 展示了所提出的方法的调度结果，通过观察可以得到以下结论：

1）配置向上的备用容量比配置向下的备用容量多。原因在于甩负荷现象被认为比弃风现象更严重，这反映出系统运营商应对风险的态度。

2）在某些时段，由于 AGC 机组受功率调节速率约束或传输容量约束限制，系统的 ARWP 小于其他时段。例如，晚上 20 点，风电功率预测值和负荷都达到峰值，这占用了线路的大部分传输容量，因此限制了备用容量的传递。

3）虽然两个风电场的风电功率分布相似，但风电场 2 的 ARWP 在大多数时段都较大，这是因为风电场 2 更接近发电机组 G1 和 G2，这两台机组的功率调节速率占系统总功率调节速率的 74.5%。因而，与风电场 1 相比，这些机组提供的备用更容易输送到风电场 2。

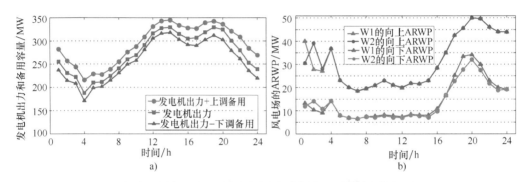

图 5.4　所有 AGC 机组和风电场扰动接纳范围的调度结果

5.5.3　系统参数的影响

1. 支路潮流约束的影响

图 5.5 展示了线路 5 在不同传输容量下系统的风电有效安全域之和和运行成本。从图中可以看出，随着线路 5 的传输容量逐渐增加了 30MW，系统总运行成本减少了 9.72%，而系统风电有效安全域之和增加了 10.23%。实验结果表明所提出的方法可以有效计及支路潮流约束的影响，同时可以用来指示关键线路的动态扩容，以提高系统的经济性和灵活性。

2. AGC 机组功率调整速率的影响

图 5.6 显示了 G1 具有不同调整速率时系统的风电有效安全域之和与运行成本。如图所示，当 G1 的功率调整速率从 15MW/h 变为 30MW/h 时，系统总的运行成本下降了 2.26%，系统风电有效安全域之和增加了 7.62%。这意味着所提出的方法可以量化 AGC 机组的功率调节能力对风电有效安全域的影响。同时，结果还表明运营商可以通过适当提高 AGC 机组的灵活性，以提高系统整体的运行经济性和灵活性。

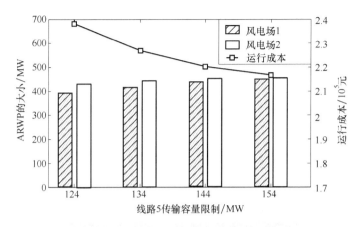

图 5.5　在线路 5 不同传输容量下的测试结果

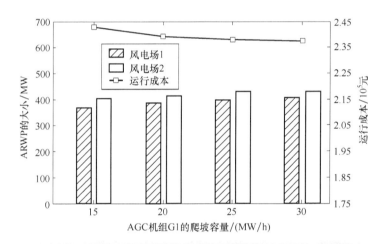

图 5.6　在 AGC 机组 G1 的不同功率调整速率下的测试结果

5.5.4　运行经济性和运行风险比较

为了说明将概率信息包含在决策模型中的效果，将本章方法（方法 A1）与第 3 章的最大安全域优化方法（方法 A2）进行比较。方法 A2 在最大化风电有效安全域后，最小化系统的总运行成本。由于风电的概率信息被忽略，因此，在这种方法中不能考虑风电功率接纳的 CVaR。算例仿真在简单 6 节点系统和改进的 IEEE 118 节点系统上进行。

这里，所采用的 IEEE 118 节点测试系统与第 3 章算例分析中的 IEEE 118 节点系统一致。对于测试系统和发电机的参数，可参考第 3 章算例中 IEEE 118 节点测试系统，其中，为了体现功率调整速率约束的影响，AGC机组的功率调整速率修改为8MW/h。

图5.7中展示了在6节点系统中，采用不同方法得到的风电消纳有效安全域，其对应的测试结果列于表5.2。

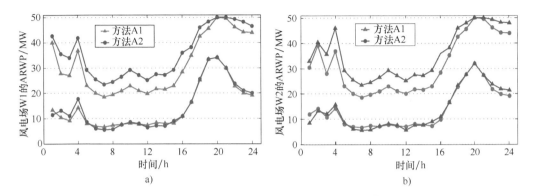

图 5.7　风电场 W1 和风电场 W2 的 ARWP

表5.2　不同方法的测试结果

6节点系统				
方法	ARWP/MW	总成本/元	调度成本/元	风险成本/元
A1	794.8	238193.5	232439.8	5753.7
A2	1019.3	268941.3	265037.1	3904.2
IEEE 118 节点系统				
方法	ARWP/MW	总成本/元	调度成本/元	风险成本/元
A1	1363.3	754932.5	746717.1	8215.4
A2	1807.1	793208.8	787723.2	5485.6

从测试结果可以看出，方法 A2 倾向于尽可能多地接纳风电扰动，这使得它的风电有效安全域比方法 A1 中的要大得多（见表5.2，A2 的风电有效安全域 ARWP 在 6 节点系统中比 A1 的要大 28.2%，在 IEEE 118 节点系统中要大 32.6%）。但是，由表5.2，其总运行成本（包含风险成本）在 6 节点系统中比方法 A1 大 12.9%，在 IEEE 118 节点系统中比 A1 大 5.1%。因而，从经济性角度来看，方法 A1 的调度方法更加合理。这是因为方法 A2 需要更多的灵活性备用，导致了更多的直接备用成本；同时，更多的灵活性备用需求也会迫使 AGC 机组进一步远离其经济运行点，导致方法 A2 得到的发电成本更高。

值得注意的是，方法 A2 尽管风电有效安全域较大，但风险成本仍可能更高。例如，见表5.3，从上午3点到上午4点，方法 A2 虽然能够产生更大的风电有效安全域，但是风险成本更高（6 节点、118 节点系统中分别高7.7%和3.2%）。产生这样的结果主要是因为相关时刻的净负荷发生了很大的变化，而系统总的备用容量不足以应对全部的风电扰动。在这种情况下，优化决策方法必须确定利用灵活性备用应对哪些风电扰动区域。然而，在方法 A2 中，由于风电的概率信息被忽略，其产生的风电有效安全域可能会覆盖一些发生可能性或者运行风险（风险考虑到事件后果）较小的情况，同时会忽略一些发生可能性较大且有严重后果的情况。相反，方法 A1 则可以根据风电波动的概率信息识别具有高预期风险成本的情况，可以更好地分配灵活性备用，从而，可以在电力系统灵活性备用不足时，更有效地降低系统的运行风险。

表5.3　不同时段不同方法的风险成本

6 节点系统			
风险成本/元			
时段/h	1~2	3~4	5~21	22~24
A1	451.2	475.5	4112.7	714.5
A2	374.1	512.3	2165.4	891.4
IEEE 118 节点系统			
风险成本/元			
时段/h	1~2	3~4	5~21	22~24
A1	636.4	677.1	5876.5	1025.4
A2	524.6	698.8	2928.9	1293.3

5.5.5　计算性能

为了探讨本章所提算法的计算性能，对以下两种算法进行了比较。

BMD：4.3 节所提算法，它是基于分段线性化、Big-M 法和分解法。

BMD-F：首先采用 5.4 节的快速筛选方法排除了不起作用的支路输电功率约束，然后，运用 4.3 节中的算法进行求解。

两种算法的计算性能在改进的 IEEE 118 节点测试系统和真实电网等效的 445 节点测试系统上进行验证。这里，所采用的 445 节点测试系统结构和参数数据与 4.3 节算例分析中的 445 节点测试系统一致。相关测试结果列于表 5.4 中，其中，BMD-F 为本章所提算法，BMD 为参考算法。

从表中结果可以看出，与 BMD 算法相比，BMD-F 算法在改进的 IEEE 118 节点测试系统中的计算效率平均提高了 25.4%，在 445 节点测试系统中的计算效率平均提高了 35.1%，并且保持了与 BMD 算法相同的计算精度，这验证了 BDM-F 算法的有效性。

表 5.4　不同方法下的计算表现

算法	IEEE 118 节点系统		445 节点系统	
	CPU 时间/s	总成本/元	CPU 时间/s	总成本/元
BMD	12.364	758826	28.718	3066759
BMD-F	9.857	758826	20.786	3066759

5.6　本章小结

本章面向超前调度时间尺度下电网新能源消纳能力优化问题,以风电为例,在第 4 章的基础上,针对系统多时段间的关联耦合关系,提出了柔性超前调度中的风电消纳有效安全域优化方法来增加系统运行中的柔性,以应对风力发电在时段间的波动性与不确定性。同时,在前述章节求解算法的基础上,本章构建了无效约束快速筛选算法,有效提升了方法的计算效率。

Chapter 6
第6章

日前机组组合中的
新能源消纳有效
安全域优化

6.1 引言

  针对大规模新能源接纳背景下电网有效安全域准确量化的问题，第3章研究了新能源消纳的最大有效安全域法，提出了新能源消纳的有效安全域概念，将系统自身安全域与节点功率扰动范围重叠的部分定义为新能源消纳的有效安全域，融合优先目标规划法与鲁棒优化方法，提出了新能源消纳的最大有效安全域评估方法，准确刻画了电网的新能源消纳能力，即新能源消纳的有效安全域。在此基础上，第4章及第5章分别对实时调度中的新能源消纳有效安全域、超前调度中的新能源消纳有效安全域进行了深入研究。然而，需要指出的是，上述章节所提出的新能源消纳的有效安全域优化方法均在日内调度时间尺度上，在进行的电网有效安全域优化时，因为前瞻时间短，无法优化调度响应时间长的灵活性资源，比如起停机时间较长的发电机组，此时电网的调控手段有限。这在系统备用能力较为充裕的情况下是可行的，但随着新能源接入电网规模的急剧扩大，日内调度阶段，电网备用能力的供需矛盾日益加剧，有限的调控手段越来越难以满足大规模新能源接入对电网备用能力的需求。因此，就需要在更长时间尺度上，准确评估电网的备用能力，也即电网的有效安全域。一方面，能够提前协调更多响应时间长的灵活性资源；另一方面，能够有效均衡不同调度时段的电网备用能力，从而满足日内电网的备用需求。

  为此，本章提出了日前机组组合中的新能源消纳有效安全域优化方法，结合两阶段鲁棒机组组合模型与有效安全域定义，构建了日前机组组合中的电新能源消纳有效安全域优化决策模型，并开发了基于强对偶理论、大M法和列与约束生成算法（C&CG）的高效求解算法，实现了日前时间尺度下电网新能源消纳能力的准确评估与优化决策。

6.2　不确定性集合描述

如何控制鲁棒优化模型的保守性是优化问题的难点，为了避免决策结果的过度保守性，本节在不失系统可靠性的前提下，从区间、时间和空间 3 个维度构造了多面体不确定性集合：

$$W = \left\{ W_{wt} \,\middle|\, W_{wt} = (W_{wt}^{\mathrm{u}} - W_{wt}^{\mathrm{f}}) v_{wt}^{\mathrm{u}} + (W_{wt}^{\mathrm{l}} - W_{wt}^{\mathrm{f}}) v_{wt}^{\mathrm{l}} + W_{wt}^{\mathrm{f}} \right\} \tag{6.1}$$

$$\sum_{t=1}^{T} (v_{wt}^{\mathrm{u}} + v_{wt}^{\mathrm{l}}) \leqslant \Gamma^{\mathrm{T}}, \quad \forall w \tag{6.2}$$

$$\sum_{w=1}^{W} (v_{wt}^{\mathrm{u}} + v_{wt}^{\mathrm{l}}) \leqslant \Gamma^{\mathrm{S}}, \quad \forall t \tag{6.3}$$

$$v_{wt}^{\mathrm{u}} + v_{wt}^{\mathrm{l}} \leqslant 1, \quad \forall w, \forall t \tag{6.4}$$

$$v_{wt}^{\mathrm{u}}, v_{wt}^{\mathrm{l}} \in \{0,1\} \tag{6.5}$$

式中，W_{wt}、W_{wt}^{f}、W_{wt}^{l}、W_{wt}^{u} 分别表示风电场 w 在时段 t 出力的实际值、预测值、不确定区间的下边界和上边界；v_{wt}^{l} 和 v_{wt}^{u} 分别表征风电出力波动情况的辅助 $\{0,1\}$ 变量；Γ^{T} 和 Γ^{S} 分别为不确定集合在空间、时间上的不确定度参数。式（6.1）表示实际的风电出力，它是用多面体结构表示的不确定集合 W。式（6.2）和式（6.3）用以对不确定集合所覆盖的场景进行控制，合理选择参数 Γ^{T} 和 Γ^{S} 以降低鲁棒调度的保守性。式（6.4）表示多面体的极点约束，同一个风电同一时刻只能达到不确定的上限值或下限值，而不能同时达到。

6.3　优化模型

6.3.1　两阶段鲁棒优化模型

计及机组起停的新能源消纳有效安全域方法可建模为两阶段优化问题；第 1 阶段为日前机组组合问题，其决策变量为机组运行状态和起/停状态；第 2 阶段为风电不确定集合中最恶劣情景对应的系统经济运行问题，决策变量为各时刻机组出力、切负荷量和弃风量。

基于这一思路，本节给出了计及风电接纳风险的两阶段鲁棒优化模型：

$$\begin{cases} \min\limits_{\{u_{gt}, v_{gt}, z_{gt}\}} \left(F_1 + \max\limits_{W_{wt} \in W} \min\limits_{P_{gt}, \Delta D_{dt}, \Delta W_{wt}} F_2 \right) \\ \mathrm{s.\,t.} \quad u_{gt}, v_{gt}, z_{gt} \in C_1 \\ \qquad P_{gt}, \Delta D_{dt}, \Delta W_{wt} \in C_2 \\ \qquad W_{wt} \in W \end{cases} \tag{6.6}$$

式中，F_1 为第 1 阶段的目标函数；F_2 为第 2 阶段的目标函数，表示风电不确定集合限定的最严恶劣情景对应的经济调度成本、弃风风险成本和切负荷风险成本。C_1 表示第 1 阶段变量所满足的约束；C_2 表示第 2 阶段变量所满足的约束；z_{gt}、v_{gt} 和 u_{gt} 为第 1 阶段的 0/1 决策变量，其中，u_{gt} 为机组 g 在时段 t 的运行状态，1 表示运行，0 表示停运；z_{gt} 为机组 g 在时段 t 的起动状态，1 表示起动，0 表示不起动；v_{gt} 为机组 g 在时段 t 的停运状态，1 表示停运，0 表示不停运；P_{gt}、ΔD_{dt} 和 ΔW_{wt} 为第 2 阶段的连续变量，其中，P_{gt} 为机组 g 在时段 t 的输出功率；ΔD_{dt} 为第 d 个负荷在时段 t 的切负荷量；ΔW_{wt} 为第 w 个风电场在时段 t 的弃风量。

6.3.2 第 1 阶段模型

1. 目标函数

第 1 阶段的目标函数是最小化机组的起停成本，即

$$F_1 = \sum_{t=1}^{T} \sum_{g=1}^{G} \left(S_g^{\mathrm{u}} z_{gt} + S_g^{\mathrm{d}} v_{gt} \right) \tag{6.7}$$

式中，T 表示时间周期；G 表示机组数；$S_g^{\mathrm{u}}/S_g^{\mathrm{d}}$ 表示机组 g 在 t 时段的起动成本/停机成本。

2. 约束条件

C_1 具体形式如式（6.8）~式（6.12）所示，主要约束包括机组运行状态、起/停状态之间的关系约束式（6.8）~式（6.9）；最小开停机持续时间约束式（6.10）~式（6.11）；z_{gt}，v_{gt} 和 u_{gt} 的可行集约束式（6.12）。

$$u_{gt} - u_{g(t-1)} - z_{gt} \leq 0, \quad \forall g \in G, \forall t \in T \tag{6.8}$$

$$u_{g(t-1)} - u_{gt} - v_{gt} \leq 0, \quad \forall g \in G, \forall t \in T \tag{6.9}$$

$$\left(u_{g(t+1)} - u_{gt} \right) T_g^{\mathrm{on}} - \sum_{k=t+2}^{\min\{t+T_g^{\mathrm{on}}, T\}} u_{gt} \leq$$

$$\max\left\{ 1, T_g^{\mathrm{on}} - T + t - 1 \right\}, \quad \forall g \in G, \forall t = 1, \cdots, T-2 \tag{6.10}$$

$$\left(u_{gt} - u_{g(t+1)} \right) T_g^{\mathrm{off}} - \sum_{k=t+2}^{\min\{t+T_g^{\mathrm{off}}, T\}} u_{gt} \leq T_g^{\mathrm{off}},$$

$$\forall g \in G, \quad \forall t = 1, \cdots, T-2 \tag{6.11}$$

$$z_{gt}, v_{gt}, u_{gt} \in \{0, 1\}, \quad \forall g \in G, \forall t \in T \tag{6.12}$$

式中，T_g^{on}、T_g^{off} 分别为机组 g 的最小起/停机时间。

6.3.3 第 2 阶段模型

1. 目标函数

F_2 表示风电不确定集合限定的最恶劣情景下经济调度成本、弃风和切负荷风险成本：

$$\mathbb{W} : F_2 = \max_{v^{\mathrm{u}}, v^{\mathrm{l}}} \min_{P, \Delta D, \Delta W} \sum_{t=1}^{T} \left\{ \sum_{g=1}^{G} C_g(P_{gt}) + \sum_{d=1}^{D} c_{dt} \times \Delta D_{dt} + \sum_{w=1}^{W} c_{wt} + \Delta W_{wt} \right\} \tag{6.13}$$

式中，D 表示负荷数；W 表示风电场数。$C_g(P_{gt}) = a_g P_{gt}^2 + b_g P_{gt} + c_g$，$a_g$、$b_g$ 和 c_g 分别为机组 g 的二次成本函数的系数；c_{wt} 和 c_{dt} 分别为弃风和切负荷的惩罚价格，本节分别取值 10 元/（MW·h）和 1000 元/（MW·h）。

2. 约束条件

C_2 具体形式如式（6.14）~式（6.24）所示，主要约束包括：

1）机组输出功率上下限约束：

$$u_{gt} P_g^{\min} \leqslant P_{gt} \leqslant u_{gt} P_g^{\max}, \quad \forall g, \forall t \tag{6.14}$$

式中，$P_g^{\min}$、$P_g^{\max}$ 分别为机组 g 允许的最大、最小输出功率。

2）机组爬坡速率约束：

$$P_{gt} - P_{g(t-1)} \leqslant r_g^{\mathrm{up}} \cdot u_{g(t-1)} + P_g^{\max} \cdot (1 - u_{g(t-1)}), \quad \forall g, \forall t \tag{6.15}$$

$$P_{g(t-1)} - P_{gt} \leqslant r_g^{\mathrm{dn}} \cdot u_{gt} + P_g^{\max} \cdot (1 - u_{gt}), \quad \forall g, \forall t \tag{6.16}$$

式中，r_g^{up}、r_g^{dn} 分别为机组 g 向上、向下的爬坡速率。

3）功率平衡约束：

$$\sum_{g=1}^{G} P_{gt} + \sum_{w=1}^{W} (W_{wt} - \Delta W_{wt}) = \sum_{d=1}^{D} (D_{dt} - \Delta D_{dt}), \quad \forall g, \forall w, \forall t \tag{6.17}$$

式中，D_{dt} 表示负荷 d 在时段 t 的功率预测值。

4）切负荷量约束：

$$0 \leqslant \Delta D_{dt} \leqslant D_{dt}, \quad \forall d, \forall t \tag{6.18}$$

5）弃风量约束：

$$0 \leqslant \Delta W_{wt} \leqslant W_{wt}, \quad \forall w, \forall t \tag{6.19}$$

6）节点功率平衡：

$$\sum_{g \in G_b} P_{gt} + \sum_{w \in W_b} (W_{wt} - \Delta W_{wt}) - \sum_{d \in D_b} (D_{dt} - \Delta D_{dt}) +$$

$$\sum_{\forall k \in B(\cdot, b)} f_{kb,t} - \sum_{\forall k \in B(b, \cdot)} f_{bk,t} = 0, \forall b, \forall t \tag{6.20}$$

7）传输容量约束：

$$f_{ij,t} = B_{ij}(\theta_{it} - \theta_{jt}), \quad \forall (i, j) \in L, \forall t \tag{6.21}$$

$$-F_l^{\max} \leqslant f_{ij,t} \leqslant F_l^{\max}, \quad \forall (i, j) \in L, \forall t \tag{6.22}$$

8）节点相角约束：

$$-\pi \leqslant \theta_{bt} \leqslant \pi, \quad \forall b, \forall t \tag{6.23}$$

$$\theta_{\mathrm{refb},t} = 0, \quad \forall t \tag{6.24}$$

式中，B、L 分别为系统中节点及输电线路的数量；θ_{ij} 为节点 i 与节点 j 之间的线路导纳；θ_{bt} 为节点 b 在 t 时段的相角；θ_{refb} 为参考相角；$f_{ij,t}$ 为节点 i 与节点 j 之间输电线路的传输功率；$F_l^{\max}$ 为输电线路传输功率的限值。

9）风电不确定集合：见式（6.1）~式（6.5）。

6.4 模型可解化处理

6.4.1 模型简化

6.3 节中所构建的两阶段问题构成了两阶段鲁棒机组组合优化模型。然而，由于该模型具有多层结构，因而无法直接求解。此外，为了表述方便，此处给出以矩阵形式表示的模型，在此基础上采用改进的 C&CG 算法求解此两阶段分布鲁棒机组组合模型。

第 1 阶段：主问题（MP）。

$$
\begin{cases}
\min\limits_{x,y(\cdot),s} \left(a^{\mathrm{T}}x + \max\limits_{v} \min\limits_{y \in \Omega(x,w,s)} b^{\mathrm{T}}y(w) + c^{\mathrm{T}}s \right) \\
\text{s. t. } Ax \leqslant d, x \in \{0,1\}
\end{cases}
\tag{6.25}
$$

第 1 阶段的决策变量包括 z_{gt}、v_{gt} 和 u_{gt}。式（6.25）中：x 代表发电机组的二进制状态向量；a、d 和 A 均为对应的常数系数矩阵。例如，矩阵 A 可以由约束式（6.8）~式（6.11）推导获得。该主问题为混合整数线性规划（Mixed Integer Linear Programming，MILP）问题，因而可以通过现有商用求解器进行求解。

第 2 阶段：子问题（SP）。

$$
\begin{cases}
(x,w,s) = \left\{ \max\limits_{v} \min\limits_{y \in \Omega(x,w,s)} b^{\mathrm{T}}y(w) + c^{\mathrm{T}}s \right. \\
By \leqslant e \\
Cx + Dy + E(w \circ v) + Fs + Gv \leqslant f \\
Hv \leqslant g \\
\left. I \leqslant h \right\}
\end{cases}
\tag{6.26}
$$

第 2 阶段决策变量包括 P_{gt}、ΔD_{dt} 和 Δw_{wt} 以及风电不确定集合 v_{wt}^{u}、v_{wt}^{l}。式中：向量 y 包含发电机出力的连续向量和每一个节点的相角向量；w 代表风电场输出边界向量；s 代表弃风和切负荷向量；v 描述风电不确定集合的二进制向量；b、c、e、f、g、h、B、C、D、E、F、G、H 和 I 均为对应的常数系数矩阵；"$\circ$"代表 Hadamard 乘积。

6.4.2 内层问题

由于子问题是 max-min 结构，此结构的模型不能直接求解，需要将 max-min 结构模型转化成单层问题才可方便求解。本节通过将内部极小化问题求对偶的方式将 max-min 问题转化成 MILP 问题。本节采用强对偶理论求解内层问题的对偶，然后和外层问题结合，最后转化为单层 max 问题。其矩阵形式可表述如下：

$$
\max\limits_{y,s,v,\lambda,\varphi,\eta} R = \lambda^{\mathrm{T}}(f - Cx) - \lambda^{\mathrm{T}}Gv - \lambda^{\mathrm{T}}E(w \circ v) - \varphi^{\mathrm{T}}e - \eta^{\mathrm{T}}h
\tag{6.27}
$$

$$
\text{s. t. } [\lambda^{\mathrm{T}}, \varphi^{\mathrm{T}} : \eta^{\mathrm{T}}][B, H : L] = [b^{\mathrm{T}} : c^{\mathrm{T}}]
\tag{6.28}
$$

$$\boldsymbol{\lambda}^{\mathrm{T}} \geqslant 0, \boldsymbol{\varphi}^{\mathrm{T}} \geqslant 0, \boldsymbol{\eta}^{\mathrm{T}} \geqslant 0 \tag{6.29}$$

$$\boldsymbol{Hv} \leqslant \boldsymbol{g} \tag{6.30}$$

式中，$\boldsymbol{\varphi}$、$\boldsymbol{\lambda}$ 和 $\boldsymbol{\eta}$ 是约束式（6.14）~式（6.23）的对偶变量。可以观察到目标函数中含有双线性项 $\boldsymbol{\lambda}^{\mathrm{T}} \boldsymbol{v}$，可以采用外近似法或大 M 线性化法求解。外近似法在某些情况下可能无法找到全局最优解。因此，本节采用大 M 线性化法求解双线性项 $\boldsymbol{\lambda}^{\mathrm{T}} \boldsymbol{v}$：

$$\max \boldsymbol{\lambda} \boldsymbol{v} = \max \boldsymbol{\varpi} \tag{6.31}$$

$$\mathrm{s.\,t.} \quad \boldsymbol{\varpi} \leqslant \boldsymbol{\lambda}, \quad \boldsymbol{\varpi} \leqslant \boldsymbol{v} \cdot M_{\mathrm{big}} \tag{6.32}$$

$$\boldsymbol{\varpi} \geqslant \boldsymbol{\lambda} - M_{\mathrm{big}}(1 - \boldsymbol{v}) \tag{6.33}$$

$$\boldsymbol{\varpi}, \boldsymbol{\lambda} \geqslant 0, \boldsymbol{v} \in \{0, 1\} \tag{6.34}$$

通过以上处理，子问题式（6.33）就转化为标准的单层的 MILP 问题式（6.35）：

$$\begin{cases} \max\limits_{y, s, v, \lambda, \varphi, \eta} R = \boldsymbol{\lambda}^{\mathrm{T}}(\boldsymbol{f} - \boldsymbol{Cx}) - \boldsymbol{\varpi}^{\mathrm{T}} \boldsymbol{q} - \boldsymbol{\varphi}^{\mathrm{T}} \boldsymbol{e} - \boldsymbol{\eta}^{\mathrm{T}} \boldsymbol{h} \\ \mathrm{s.\,t.} \quad 式（6.28）\sim 式（6.30），式（6.32）\sim 式（6.34） \end{cases} \tag{6.35}$$

式中，$\boldsymbol{\varpi}$ 为辅助向量；$\boldsymbol{q}$ 为连续向量；式（6.32）~式（6.34）是采用大 M 法所产生的辅助约束。这样双线性项可以等效转化为式（6.36）：

$$\boldsymbol{\lambda}^{\mathrm{T}} \boldsymbol{Gv} - \boldsymbol{\lambda}^{\mathrm{T}} \boldsymbol{E}(\boldsymbol{w} \circ \boldsymbol{v}) = \boldsymbol{\varpi}^{\mathrm{T}} \cdot \boldsymbol{q}, \boldsymbol{\varpi}^{\mathrm{T}} = \boldsymbol{\lambda} \boldsymbol{v} \tag{6.36}$$

6.4.3　C&CG 算法求解流程

通过前述线性转化后，使主问题式（6.25）和子问题式（6.35）构成了标准的两阶段 MILP 问题。为求解上述两阶段鲁棒机组组合问题，本节采用 C&CG 算法求解，详细步骤如下：

1）初始化：设定下界 $LB = 0$，上界 $UB = \infty$，收敛误差 $\varepsilon \geqslant 0$；迭代次数 $l = 0$，解空间为 $O = \phi$；转入步骤 2）；

2）求解主问题：

$$\min\limits_{x, y(\cdot), s} (\boldsymbol{a}^{\mathrm{T}} \boldsymbol{x} + \boldsymbol{\psi}) \tag{6.37}$$

$$\mathrm{s.\,t.} \, \boldsymbol{Ax} \leqslant \boldsymbol{d}, \boldsymbol{x} \text{ 是 } 0, 1 \text{ 变量} \tag{6.38}$$

$$\boldsymbol{\psi} \geqslant \boldsymbol{b}^{\mathrm{T}} \boldsymbol{y} + \boldsymbol{c}^{\mathrm{T}} \boldsymbol{s} \tag{6.39}$$

$$\boldsymbol{Cx} + \boldsymbol{Dy} + \boldsymbol{E}(\boldsymbol{w} \circ \boldsymbol{v}_k^*) + \boldsymbol{Fs} + \boldsymbol{Gv}_k^* \leqslant \boldsymbol{f}, \quad \forall k \leqslant l \tag{6.40}$$

$$\boldsymbol{Is} \leqslant \boldsymbol{h} \tag{6.41}$$

得到最优解 x_{k+1}，u_{k+1}，z_{k+1}，更新 $LB = \boldsymbol{a}^{\mathrm{T}} \boldsymbol{x}_{k+1} + \boldsymbol{\psi}_{k+1}^*$，转入步骤 3）；

3）求解子问题：基于给定的机组组合状态 x_{k+1}，u_{k+1}，z_{k+1}，求解子问题式（6.35）获得风电出力最恶劣波动场景 $\boldsymbol{v}_{k+1}^*$ 及弃风量和切负荷量 s_{k+1}；

更新上界 $UB = \min\{UB, \boldsymbol{x}_{k+1}^* + R(\boldsymbol{\psi}_{k+1})\}$；

若 $UB - LB \leqslant \varepsilon$，则停止迭代，输出最优解；

否则，设定 $l = l + 1$，将子问题最优解所对应的风电最恶劣出力场景 $\boldsymbol{v}_{k+1}^*$ 传递给主问题；然后，转入步骤4)；

4) 增加变量和约束：增加变量 v_{k+1} 和 s_{k+1}，增加约束式（6.42）和式（6.43）并返回给主问题；更新 $l=l+1$ 和 $O=O\cup\{l+1\}$。求解更新的子问题的外层问题，返回步骤2)。

$$\psi\geq b^{\mathrm{T}}y_{k+1}+c^{\mathrm{T}}s_{k+1} \tag{6.42}$$

$$Cx+Dy_{k+1}+E(w\circ v_{k+1}^{*})+Fs+Gv_{k+1}^{*}\leq f \tag{6.43}$$

6.5 算例分析

6.5.1 算例介绍

本节以修改的 IEEE 118 节点系统为例，验证所提模型的有效性。系统中包含54 台发电机、91 个负荷节点、186 条线路；其中，3 个容量均为 250MW·h 的风电场分别接在 59 节点、66 节点和 94 节点。选取的置信水平分别为 $\beta^{\mathrm{T}}=95\%$ 和 $\beta^{\mathrm{S}}=95\%$，即：$\varGamma^{\mathrm{T}}=\varPhi^{-1}(0.95)\times\sqrt{24}\approx8$，$\varGamma^{\mathrm{S}}=\varPhi^{-1}(0.95)\times\sqrt{3}\approx3$，测试计算采用 Visual Studio 2016 C++软件调用 CPLEX 12.8 求解器进行求解，计算机配置为 Windows 10 系统，Intel Core i7-8700k 系列，主频 3.0GHz，内存 16GB。这里，所采用的 IEEE 118 节点测试系统[66]结构图与第 5 章算例分析中的 IEEE 118 节点系统一致。对于测试系统和发电机的参数，可参考第 5 章算例中的 IEEE 118 节点测试系统。对于测试系统中的风电功率和总负荷数据亦与第 5 章 IEEE 118 节点测试系统中的数据相同。

6.5.2 与确定性机组组合模型比较

本节讨论了所提模型与确定性机组组合（10%不确定区间）进行对比分析。所得调度结果见表 6.1。

表 6.1 不同机组组合模型的调度结果

	确定性模型	本章模型
运行成本/元	794351	93798.4
起停成本/元	730	433.83
风险成本/元	214.03345	4.7192
弃风成本/元	0.06345	0.0192
切负荷成本/元	213.97	4.7
总成本/元	795509.1	94236.9492
迭代次数	5	3
时间/s	4.722	0.188

由表 6.1 可知，所提模型的运行成本相比确定性模型较低，这表明了所提模型具有更好的运行灵活性能力。此外，所提模型依然存在一些弃风或切负荷量，这是由于火电机组爬坡速率的限制使得系统在某时刻无法应对高比例风电的间歇性。通过对比迭代次数和运行时间，所建模型总计算时间为 8.43s，迭代次数为 4 次，说明本章方法由于保持了模型的线性性质，计算效率较高，能够达到解决实际系统的计算效率要求。

6.5.3　不确定集合保守性分析

调整不确定度参数 Γ^{T} 和 Γ^{S} 可以对模型的鲁棒性进行控制，从而降低调度结果的保守性。为了分析不确定度参数变化对模型所得结果保守度的影响，表 6.2 中列出了关于 Γ^{T} 和 Γ^{S} 不同组合的计算结果。

由表 6.2 可见，在固定 Γ^{S} 不变时，随着 Γ^{T} 的逐渐增加，需要更多灵活的资源应对风电的不确定性，使总运行成本逐渐增加。还可以看出，当 Γ^{T} 固定时，风电场的分布越广（Γ^{S} 越大），总运行成本越低，增加风电场地理分布和松弛网络约束限制可以提高系统应对风电不确定性的鲁棒性。显然，Γ^{T} 和 Γ^{S} 的取值决定了鲁棒优化结果的鲁棒性和保守性。如果 Γ^{T} 和 Γ^{S} 取值太大，则调度结果的鲁棒性很好，但极为保守，且经济性较差；如果 Γ^{T} 和 Γ^{S} 取值太小，则允许输出达到预测边界的风电场太少，不能完全反映风电的不确定性。因此，通过合理设置不确定度参数，可调节的鲁棒优化方法能够将不确定性参数概率极小的情形排除，使得模型更加符合实际，更加适用于工程实际。表 6.2 还列出了在不同的风电场不确定集合 Γ^{T} 和 Γ^{S} 的计算时间，再次证明该方法的有效性。

表 6.2　Γ^{T} 和 Γ^{S} 不同组合下的计算结果

预算	索引	$\Gamma^{\mathrm{T}}=8$	$\Gamma^{\mathrm{T}}=16$	$\Gamma^{\mathrm{T}}=24$
$\Gamma^{\mathrm{S}}=1$	总成本/元	789741	791437	793373
	时间/s	5.261	5.319	5.404
$\Gamma^{\mathrm{S}}=3$	总成本/元	789637	792507	793257
	时间/s	4.669	4.66	4.206

6.6　本章小结

本章面向日前时间尺度下电网新能源消纳能力优化问题，在前述方法的基础上，结合两阶段鲁棒机组组合模型，构建了日前机组组合中的新能源消纳有效安全域优化模型，开发了基于强对偶理论、大 M 法和列与约束生成算法（C&CG）的高效求解算法，实现了日前时间尺度下电网新能源消纳有效安全域的有效优化。

Chapter 7
第7章

多电网互动中的新能源
消纳有效安全域提升

7.1 计及输配协同的新能源消纳有效安全域提升

7.1.1 引言

前述章节的新能源消纳有效安全域评估与优化方法均仅关注输电网自身的可调节资源，在优化模型中将配电网简单地等效为固定的负荷。随着分布式电源和其他主动源在配电网中大量涌现，传统的无源配电网逐渐转变为具备主动能力的主动配电网，蕴含着可观的运行灵活性[76]。此时，若再简单地将配电网等效为固定的负荷纳入到输电网的新能源消纳有效安全域评估与优化模型中，必然造成主动配电网所蕴含的运行灵活性无法得到有效的利用[77]。而另一方面，大规模风、光等新能源并入输电网，给输电网的运行带来了巨大的波动性与不确定性，但却缺乏足够的灵活调节能力以保证系统运行的安全性[78]。在此形势下，若将输配电网协同的思想引入到新能源并网消纳优化决策过程中，将上述章节研究中忽略的输配电网互动潜力体现出来，将显著提升电网的新能源消纳有效安全域，对提升电网新能源消纳能力、保障系统安全经济运行产生有利的影响。

由此，本章提出了计及输配协同的新能源消纳有效安全域提升方法。在深入分析传统输配电网协同策略不足的基础上，给出了满足输配电网动态互动需求的输配协同策略，能够协调优化期望与扰动场景下的输配协同过程。在此基础上，结合目标级联算法，构建了输配电网分布式协同的新能源消纳有效安全域提升模型。针对若在模型中采用传统的仿射策略，则原模型形成非凸的双线性规划问题，无法保证分布式算法收敛性的问题，在将风电概率分布不确定集等效转化的基础上，采用了新的仿射策略，将优化模型转化为线性优化问题，从而在保证分布式算法收敛性的同时，提高了计算效率。同时，针对传统目标级联算法只能迭代求解子问题、计算效率低的缺陷，采用对角二次估计方法，改进了目标级联算法，实现了输配电网优化调度子问题的并行求解，进一步提升了模型的求解效率。最后，算例分析验证了所提出方法的有效性。

7.1.2　计及配电网备用容量支持的输配动态协同策略

传统的输电网短期调度决策通常不考虑配电网络，仅将其简单地等效为固定的负荷需求，这在传统的输配电系统中是可行的，因为传统的配电网为无源网络。上述的等效处理不但能够降低输配电网间的通信压力，而且能够大大降低输电网短期调度决策优化模型的规模，从而能够有效提升其决策效率。但是，随着新能源技术的发展，各种分布式电源逐渐在配电网中涌现，在就地满足配电网负荷需求的同时，也让配电网拥有了主动调节能力，使得传统无源的配电网逐渐向主动配电网转变。主动配电网的出现打破了原先输电网向配电网自上而下单向传输功率的能源消费格局，主动配电网能够在其发电能力富余的时候向上一级的输电网传输功率，即输配电网间出现了双向功率传输的情况，输配电网间互动的需求日渐显现[79]。

在这样的形势下，不少学者对输配电网协同的短期调度决策问题进行了深入研究，取得了一系列的成果[80]。但是，多数研究所提的输配协同框架仅考虑在基态场景下的输配电网功率协同，而在系统发生功率扰动时，输配电网交互的功率保持不变，输配电网仅能利用自身的灵活调节能力应对扰动。该类协调策略在一定程度上，是能够实现输配电网间灵活性的共享。例如，当输电网灵活性调节能力不足时，通过增加主动配电网向输电网传输的功率，缓解输电网发电机容量约束对备用的限制，进而提升输电网发电机组的备用空间，最终提高输电网的灵活调节能力。但是，需要指出的是，上述的这种输配电网间灵活性的共享是一种间接的共享，最终输电网提升的灵活调节能力本质上是自身的灵活调节潜力，而不是主动配电网的灵活调节能力。事实上，上述的输配协同框架存在两点缺陷：

1）当输电网本身无灵活调节能力可挖掘时，即使主动配电网富余再多的灵活调节能力也无法共享给输电网；

2）即使输电网发电机组的备用空间得以提升，但正如第 5 章所述，若备用的响应速率无法满足要求，也可能导致无法提升输电网的灵活调节能力。

由此，本章提出了计及主动配电网备用容量支持的输配动态协同策略，新输配协同策略兼顾基态与扰动场景下的输配电网功率协同。

在新的输配电网协同策略中，输配电网分为两层子系统，上层为输电网子系统，下层为主动配电网子系统。在基态场景下，输配电网子系统通过协调优化输配电子系统间传输的功率，实现输配电系统的协同运行。而在输电网子系统发生功率扰动时，除了输电网子系统能利用自身的灵活调节能力应对扰动，主动配电网子系统也直接为输电网子系统提供备用支撑，以实现扰动场景下输配电网子系统间的功率协同。上述的两类功率协同在输配电网实际协同调度决策中具体表现为输配电网间功率传输运行基点的协同调度决策和主动配电网为输电网提供备用支撑容量的协同调度决策。最终，通过协调优化上述两类输配电网间的协同调度决策，实现输配电系统的动态协同运行。

7.1.3 优化模型

1. 目标函数

输配协同的新能源消纳有效安全域提升问题延续前几章所提方法的建模思想，兼顾运行成本与运行风险[87]，以系统的总成本最小为目标，即

$$\min\left(C^{Ts} + \sum_{d \in D} C^d\right),$$

$$C^{Ts} = \sum_{i_1 \in G_1} f_{i_1}(p_{i_1}, r_{i_1}^+, r_{i_1}^-) + \sum_{m_1 \in M_1} \phi_{m_1}^{Risk} \qquad (7.1)$$

$$C^d = \sum_{i_2 \in G_2} f_d^{i2}(p_d^{i2}, r_d^{i2,+}, r_d^{i2,-}) + \sum_{m_2 \in M_2} \phi_{d,m_2}^{Risk}$$

式中，C^{Ts}、C^d 分别代表输电网、配电网 d 的总成本；D、G、M 为配电网集合、发电机组集合、风电场集合；$f_{i_1}(\cdot)$ 为机组 i_1 的发电、备用成本函数；$f_d^{i2}(\cdot)$ 为配电网 d 中机组 i_2 的发电、备用成本函数；p_{i_1}、$r_{i_1}^+$、$r_{i_1}^-$ 分别为机组 i_1 的有功输出运行基点、上调备用容量、下调备用容量；p_d^{i2}、$r_d^{i2,+}$、$r_d^{i2,-}$ 分别为配电网 d 中机组 i_2 的有功输出运行基点、上调备用容量、下调备用容量；$\phi_{m_1}^{Risk}$、ϕ_{d,m_2}^{Risk} 分别为风电场 m_1、m_2 随机输出功率扰动所带来的运行风险。

2. 电网运行约束条件

（1）输电网运行约束

1）期望场景下的功率平衡约束：

$$\sum_{i_1 \in G_1} p_{i_1} + \sum_{m_1 \in M_1} p_{m_1} + \sum_{d \in D} p_d = LTs \qquad (7.2)$$

式中，p_{i_1}、p_{m_1}、p_d 分别表示输电网中自动发电控制机组 i_1 输出有功运行基点、风电场 m_1 输出功率预测值、配电网 d 负荷预测值；LTs 为输电网总负荷。

2）扰动场景下的功率平衡约束：

$$\sum_{i_1 \in G_1} (p_{i_1} + \tilde{r}_{i_1}) + \sum_{m_1 \in M_1} \tilde{p}_{m_1} + \sum_{d \in D} (p_d + \tilde{r}_d) = LTs, \forall \tilde{p}_{m_1} \in [p_{m_1}^{lo}, p_{m_1}^{up}] \qquad (7.3)$$

式中，$\tilde{p}_{m_1}$ 为风电场 m_1 随机输出功率；$\tilde{r}_{i_1}$ 和 $\tilde{r}_d$ 分别为机组 i_1、配电网 d 为应对风电随机扰动而做出的输出功率调整量；$[p_{m_1}^{lo}, p_{m_1}^{up}]$ 为风电场 m_1 扰动可接纳范围，为决策变量。

3）自动发电控制机组备用需求约束：

$$\tilde{r}_{i_1} = f_{\alpha_{i_1}, m_1}(\tilde{p}_{m_1} - p_{m_1}), \forall i_1, \forall \tilde{p}_{m_1} \in [p_{m_1}^{lo}, p_{m_1}^{up}] \qquad (7.4)$$

式中，$f_{\alpha_{i_1}, m_1}(\cdot)$ 为自动发电控制机组备用响应函数。

4）配电网备用需求约束：
$$\tilde{r}_d = f_{\alpha_d, m_1}(\tilde{p}_{m_1} - p_{m_1}),\ \forall d,\ \forall \tilde{p}_{m_1} \in [p_{m_1}^{lo}, p_{m_1}^{up}] \tag{7.5}$$
式中，$f_{\alpha_d, m_1}(\cdot)$ 为配电网备用响应函数。

5）机组爬坡约束：
$$-ram_{i_1}^- \leqslant \tilde{r}_{i_1} \leqslant ram_{i_1}^+,\ \forall i_1,\ \forall \tilde{r}_{i_1} \tag{7.6}$$
式中，$\tilde{r}_{i_1}$ 为机组为应对风电随机扰动而做出的输出功率调整量；$ram_{i_1}^+$、$ram_{i_1}^-$ 分别为机组 i_1 的向上、向下爬坡能力。

6）机组发电容量约束：
$$p_{i_1}^{min} \leqslant p_{i_1} + \tilde{r}_{i_1} \leqslant p_{i_1}^{max},\ \forall i_1,\ \forall \tilde{r}_{i_1} \tag{7.7}$$
式中，$p_{i_1}^{max}$、$p_{i_1}^{min}$ 分别为机组 i_1 的最大、最小发电容量；p_{i_1} 和 $\tilde{r}_{i_1}$ 为机组 i_1 输出功率运行基点、为应对风电随机扰动而做出的输出功率调整量。

7）支路传输容量约束
$$\left| \sum_{d \in D} M_{dl}(p_d + \tilde{r}_d) + \sum_{i_1 \in G_1} M_{i_1 l}(p_{i_1} + \tilde{r}_{i_1}) + \sum_{m_1 \in M_1} M_{m_1 l}\tilde{p}_{m_1} \right| \leqslant T_l,\ \forall l \tag{7.8}$$
式中，M_{dl}、$M_{i_1 l}$、$M_{m_1 l}$ 分别为配电网 d、发电机组 i_1、风电场 m_1 对应于支路 l 的发电转移因子；T_l 为支路 l 的传输容量。

（2）配电网运行约束

1）期望场景下的节点功率平衡约束：
$$\begin{cases} p_d^{l_{in}} - p_d^{out} = \sum_{i_2 \in l} p_d^{i_2} + \sum_{m_2 \in l} p_d^{m_2} + \sum_{Ld \in l} p_d^{Ld} + \sum_{Ts \in l} p_d^{Ts} \\ q_d^{l_{in}} - q_d^{out} = \sum_{i_2 \in l} q_d^{i_2} + \sum_{m_2 \in l} q_d^{m_2} + \sum_{Ld \in l} q_d^{Ld} \end{cases} \tag{7.9}$$
式中，$p_d^{l_{in}}$、p_d^{out} 分别为支路 l 首端、末端的输入有功；$q_d^{l_{in}}$、q_d^{out} 分别为支路 l 首端、末端的输入无功；$p_d^{i_2}$、$p_d^{m_2}$、p_d^{Ld}、p_d^{Ts} 分别为配电网支路 l 上的发电机组输出有功运行基点、风电场输出有功预测值、负荷有功需求、与输电网交换有功的运行基点；$q_d^{i_2}$、$q_d^{m_2}$、q_d^{Ld} 分别为配电网支路 l 上的发电机组输出无功运行基点、风电场输出无功预测值、负荷无功需求。

2）期望场景下的节点电压幅值约束：
$$v_d^{l_{in}} = v_d^{out} - (r_l p_d^{l_{in}} + x_l q_d^{l_{in}})/v_0 \tag{7.10}$$
式中，$v_d^{l_{in}}$、v_d^{out} 分别为支路 l 首端、末端的节点电压幅值；$r_l + jx_l$ 为支路 l 的阻抗；v_0 为电压参考值；$p_d^{l_{in}}$、$q_d^{l_{in}}$ 分别为支路 l 的输入有功、无功。

3）扰动场景下的节点功率平衡约束：
$$\begin{cases} p_d^{l_{in}} - p_d^{out} = \sum_{i_2 \in l} \tilde{p}_d^{i_2} + \sum_{m_2 \in l} \tilde{p}_d^{m_2} + \sum_{Ld \in l} p_d^{Ld} + \sum_{Ts \in l} \tilde{p}_d^{Ts} \\ q_d^{l_{in}} - q_d^{out} = \sum_{i_2 \in l} \tilde{q}_d^{i_2} + \sum_{m_2 \in l} \tilde{q}_d^{m_2} + \sum_{Ld \in l} q_d^{Ld} \\ \forall \tilde{p}_d^{m_2} \in [p_{d,m_2}^{lo}, p_{d,m_2}^{up}], \tilde{p}_d^{Ts} \in [p_d^{Ts} - r_d^{Ts,-}, p_d^{Ts} + r_d^{Ts,+}] \end{cases} \tag{7.11}$$

式中，$\tilde{p}_d^{i_2}$、$\tilde{p}_d^{m_2}$、$\tilde{p}_d^{\mathrm{Ts}}$ 分别为配电网支路 l 上的发电机组随机有功输出、风电场随机有功输出、与输电网的随机有功交换；$\tilde{q}_d^{i_2}$、$\tilde{q}_d^{m_2}$ 分别为配电网支路 l 上的发电机组随机无功输出、风电场随机无功输出；$\left[p_{d,m_2}^{\mathrm{lo}}, p_{d,m_2}^{\mathrm{up}}\right]$ 为风电场有功扰动可接纳范围；$\left[p_d^{\mathrm{Ts}}-r_d^{\mathrm{Ts},-}, p_d^{\mathrm{Ts}}+r_d^{\mathrm{Ts},+}\right]$ 为输配有功交换扰动可接纳范围。

4）自动发电控制机组备用需求约束：

$$\tilde{r}_d^{i_2}=f_{\alpha_d^{i_2}}\left[\left(p_d^{m_2}-\tilde{p}_d^{m_2}\right),\left(p_d^{\mathrm{Ts}}-\tilde{p}_d^{\mathrm{Ts}}\right)\right],\forall \tilde{p}_d^{m_2},\forall \tilde{p}_d^{\mathrm{Ts}} \tag{7.12}$$

式中，$f_{\alpha_d^{i_2}}(\cdot)$ 为自动发电控制机组备用响应函数。

5）机组爬坡约束：

$$-\mathrm{rm}_d^{i_2,-}\leqslant \tilde{r}_d^{i_2}\leqslant -\mathrm{rm}_d^{i_2,+},\forall i_2,\forall \tilde{r}_d^{i_2} \tag{7.13}$$

式中，$\tilde{r}_d^{i_2}$ 为机组为应对系统功率随机扰动而做出的输出功率调整量；$\mathrm{rm}_d^{i_2,+}$、$\mathrm{rm}_d^{i_2,-}$ 分别为机组 i_2 的向上、向下爬坡能力。

6）机组发电容量约束：

$$p_{d,i_2}^{\min}\leqslant p_d^{i_2}+\tilde{r}_d^{i_2}\leqslant p_{d,i_2}^{\max},\forall i_2,\forall \tilde{r}_d^{i_2} \tag{7.14}$$

式中，$p_{d,i_2}^{\max}$、$p_{d,i_2}^{\min}$ 分别为机组 i_2 的最大、最小发电容量；$p_d^{i_2}$ 和 $\tilde{r}_d^{i_2}$ 为机组 i_2 输出功率运行基点、为应对系统功率随机扰动而做出的输出功率调整量。

7）发电机节点电压幅值约束：

$$v_d^{\min}\leqslant v_d^{i_2}\leqslant v_d^{\max} \tag{7.15}$$

式中，$v_d^{\min}$、$v_d^{\max}$ 分别为节点电压幅值的上限、下限；$v_d^{i_2}$ 为发电机 i_2 节点电压。

8）负荷节点电压幅值约束：

$$v_d^{\min}\leqslant v_d^{\mathrm{Ld}}+\Delta \tilde{v}_d^{\mathrm{Ld}}\leqslant v_d^{\max} \tag{7.16}$$

式中，$v_d^{\min}$、$v_d^{\max}$ 分别为节点电压幅值的上限、下限；v_d^{Ld}、$\Delta \tilde{v}_d^{\mathrm{Ld}}$ 分别为负荷节点期望场景下的电压、电压扰动值。

9）发电机无功输出容量约束：

$$q_{d,i_2}^{\min}\leqslant q_d^{i_2}+\Delta \tilde{q}_d^{i_2}\leqslant q_{d,i_2}^{\max} \tag{7.17}$$

式中，$q_{d,i_2}^{\max}$、$q_{d,i_2}^{\min}$ 分别为发电机无功输出的上限、下限；$q_d^{i_2}$、$\Delta \tilde{q}_d^{i_2}$ 分别为发电机无功输出运行基点、无功扰动值。

10）支路传输容量约束：

$$T_{d,l}^{\min}\leqslant p_d^{l_{\mathrm{in}}}+\Delta \tilde{p}_d^{l_{\mathrm{in}}}\leqslant T_{d,l}^{\max} \tag{7.18}$$

式中，$T_{d,l}^{\max}$、$T_{d,l}^{\min}$ 分别为支路 l 传输容量的上限、下限；$p_d^{l_{\mathrm{in}}}$、$\Delta \tilde{p}_d^{l_{\mathrm{in}}}$ 分别为支路 l 期望场景下的线路潮流、潮流扰动量。

11）扰动线性响应约束：

$$\begin{bmatrix} \Delta \boldsymbol{\theta}_{\mathrm{S}\cup \mathrm{L}} \\ \Delta \boldsymbol{V}_{\mathrm{L}} \\ \Delta \boldsymbol{Q}_{\mathrm{R}\cup \mathrm{S}} \end{bmatrix}=\boldsymbol{A}\begin{bmatrix} \Delta \boldsymbol{P}_{\mathrm{S}} \\ \Delta \boldsymbol{P}_{\mathrm{L}} \\ \Delta \boldsymbol{Q}_{\mathrm{L}} \end{bmatrix}+\boldsymbol{B}\begin{bmatrix} \Delta \boldsymbol{\theta}_{\mathrm{R}} \\ \Delta \boldsymbol{V}_{\mathrm{R}} \\ \Delta \boldsymbol{V}_{\mathrm{S}} \end{bmatrix} \tag{7.19}$$

$$\Delta P^{\mathrm{Lin}} = A^1 (\Delta V_{\mathrm{in}} - \Delta V_{\mathrm{out}}) - B^1 (\Delta \boldsymbol{\theta}_{\mathrm{in}} - \Delta \boldsymbol{\theta}_{\mathrm{out}}) \tag{7.20}$$

式中，标记符 R、S、L、L_{in} 分别为平衡节点集合、发电节点集合、负荷节点集合、支路集合；$\Delta \boldsymbol{\theta}$、$\Delta V$、$\Delta P$、$\Delta Q$、$\Delta P^{\mathrm{Lin}}$ 分别为节点电压相角扰动向量、电压幅值扰动向量、有功扰动向量、无功扰动向量、支路潮流扰动向量；A、B、A^1、B^1 均为常数矩阵。需要注意的是，平衡节点的电压幅值与相角以及发电节点的电压幅值一般维持不变，即 $\Delta \boldsymbol{\theta}_{\mathrm{R}} = \Delta V_{\mathrm{R}} = \Delta V_{\mathrm{S}} = 0$。同时，此处配电网中的风电场采用定功率因素的运行策略。因此，实际上，系统状态变量的扰动 $\Delta \boldsymbol{\theta}_{\mathrm{SUL}}$、$\Delta V_{\mathrm{L}}$、$\Delta Q_{\mathrm{RUS}}$ 仅与发电节点的有功调整量 ΔP_{S} 和负荷节点的有功扰动 ΔP_{L} 有关。

（3）输、配电网运行耦合约束

在输配协同的新能源消纳有效安全域优化模型中，存在着两类输配电网耦合约束，包括输配电网功率交换运行基点耦合约束，即式（7.21），和输配电网共享备用容量耦合约束，即式（7.22）。这两类耦合约束共同构建了输配电网协同下输配电网的最优交换功率范围，即输电网的最优交换功率范围 $\left[p_d^{\mathrm{Ts}} - r_d^{\mathrm{Ts},-}, p_d^{\mathrm{Ts}} + r_d^{\mathrm{Ts},+} \right]$ 和配电网的最优交换功率范围 $\left[p_d - r_d^-, p_d + r_d^+ \right]$。

$$p_d^{\mathrm{Ts}} = p_d, \ \forall d \tag{7.21}$$

$$\begin{cases} r_d^{\mathrm{Ts},-} = r_d^-, \ \forall d \\ r_d^{\mathrm{Ts},+} = r_d^+, \ \forall d \end{cases} \tag{7.22}$$

式中，p_d^{Ts}、p_d 分别为输电网运行优化问题中的输配功率交换运行基点、配电网运行优化问题中的输配功率交换运行基点；$r_d^{\mathrm{Ts},+}$、$r_d^{\mathrm{Ts},-}$ 分别为输电网运行优化问题中的输配共享的上调、下调备用容量；r_d^+、r_d^- 分别为配电网运行优化问题中的输配共享的上调、下调备用容量。

3. 风电接纳风险度量

本部分内容沿用 4.2 节的风电接纳风险度量指标，在概率分布已知的情况下，将由于风电扰动超出风电接纳有效安全域而引发的期望经济损失定义为风电接纳风险成本。由此，风电接纳风险成本可表示如下：

$$\phi_w^{\mathrm{Risk}} = \mathbb{E}_{P_m} \left(\beta_{\mathrm{lo}} (p_w^{\mathrm{lo}} - \tilde{p}_w)^+ + \beta_{\mathrm{up}} (\tilde{p}_w - p_w^{\mathrm{up}})^+ \right) \tag{7.23}$$

式中，β_{lo} 和 β_{up} 分别为甩负荷与弃风的成本系数；p_w^{up}、p_w^{lo} 分别为风电接纳有效安全域的上、下界；$\tilde{p}_w$ 为随机风电功率。显然，式（7.23）所表示的风电接纳风险成本评估形式在现实中难以高效求解。因此，采用基于 K-block 的分段线性函数对式（7.23）进行线性化，具体表示如下：

$$\max_{F_m \in A_m} \phi_m^{\mathrm{Risk}} = \min_{\mathrm{Risk}_m^{\mathrm{up}}, \mathrm{Risk}_m^{\mathrm{lo}}} \left(\mathrm{Risk}_m^{\mathrm{up}} + \mathrm{Risk}_m^{\mathrm{lo}} \right)$$

$$\mathrm{Risk}_m^{\mathrm{up}} \geq a_{m,z}^{\mathrm{up}} p_m^{\mathrm{up}} + b_{m,z}^{\mathrm{up}}, z = 1, 2, \cdots, Z \tag{7.24}$$

$$\mathrm{Risk}_m^{\mathrm{lo}} \geq a_{m,z}^{\mathrm{lo}} p_m^{\mathrm{lo}} + b_{m,z}^{\mathrm{lo}}, z = 1, 2, \cdots, Z$$

式中，$a_{m,z}^{\mathrm{up}}$、$b_{m,z}^{\mathrm{up}}$、$a_{m,z}^{\mathrm{lo}}$、$b_{m,z}^{\mathrm{lo}}$ 为常系数，可根据风电累积概率密度函数计算获得；Z

为在分段线性化过程中，风电累积概率密度函数的分段数量。

需要指出的是，虽然此处采用的分段线性化方法与 4.2.4 节第 1 部分的方法在形式上相似，但它们所形成的模型有本质的区别。4.2.4 节第 1 部分的方法将原先的积分模型转化为混合整数线性模型，而此处采用的方法能够将原先的积分模型转化为线性模型。虽然它们线性化之后所形成的模型均能够采用商业求解软件高效求解，但整数变量的引入，使得 4.2.4 节第 1 部分的方法在求解效率方面处于劣势。更为重要的是，混合整数线性模型为非凸优化模型，无法从理论上保证后续采用的分布式算法的收敛性。与之相反的是，此处采用上述方法形成的线性模型为凸优化模型，在提高模型求解效率的同时，从理论上保证后续采用的分布式算法的收敛性。

7.1.4 模型可解化处理

1. 输配优化调度模型解耦

为解耦 7.1.3 节构建的集中调度优化模型，实现输、配电网间的独立自主决策，此处采用目标级联分析（Analysis Target Cascading，ATC）技术[88]实现对耦合约束式（7.21）和式（7.22）的解耦。由此，目标函数（7.1）可改写成如下的增广拉格朗日函数：

$$\min \left(C^{\mathrm{Ts}} + \sum_{d \in D} (C^{\mathrm{d}} + C^{\mathrm{d,pe}}) \right)$$

$$C^{\mathrm{d,pe}} = v_1^{\mathrm{d}}(p_d^{\mathrm{Ts}} - p_d) + y_1^{\mathrm{d}}/2(p_d^{\mathrm{Ts}} - p_d)^2 + \qquad (7.25)$$
$$v_2^{\mathrm{d}}(r_d^{\mathrm{Ts},-} - r_d^-) + y_2^{\mathrm{d}}/2(r_d^{\mathrm{Ts},-} - r_d^-)^2 +$$
$$v_3^{\mathrm{d}}(r_d^{\mathrm{Ts},+} - r_d^+) + y_3^{\mathrm{d}}/2(r_d^{\mathrm{Ts},+} - r_d^+)^2$$

显然，由于式（7.25）中 $C^{\mathrm{d,pe}}$ 的存在，无法实现输配电网优化模型中决策变量的分离，阻碍了输配电网调度决策问题的并行求解。为了解决这一问题，此处采用对角二次估计的方法[89]实现 $C^{\mathrm{d,pe}}$ 中输配电网优化决策变量的分离。以 $(p_d^{\mathrm{Ts}} - p_d)^2$ 为例，其可展开为如下形式：

$$(p_d^{\mathrm{Ts}} - p_d)^2 = (p_d^{\mathrm{Ts}})^2 + (p_d)^2 - 2p_d^{\mathrm{Ts}} p_d \qquad (7.26)$$

然后，采用一阶泰勒展开[90]在点 $((p_d^{\mathrm{Ts}})^{k-1}, (p_d)^{k-1})$ 处线性化式（7.26）中的交叉项 $p_d^{\mathrm{Ts}} p_d$：

$$p_d^{\mathrm{Ts}} p_d = (p_d^{\mathrm{Ts}})^{k-1} p_d + p_d^{\mathrm{Ts}}(p_d)^{k-1} - (p_d^{\mathrm{Ts}})^{k-1}(p_d)^{k-1} \qquad (7.27)$$

式中，$(p_d^{\mathrm{Ts}})^{k-1}$ 和 $(p_d)^{k-1}$ 分别为在第 $k-1$ 次迭代求解中的优化结果，在当前第 k 次迭代求解过程中为已知常数。因此，$(p_d^{\mathrm{Ts}} - p_d)^2$ 可被估计为

$$(p_d^{\mathrm{Ts}} - p_d)^2 = ((p_d^{\mathrm{Ts}})^{k-1} - p_d)^2 + (p_d^{\mathrm{Ts}} - (p_d)^{k-1})^2 + C \qquad (7.28)$$

式中，C 为常数。由此，式（7.25）可被进一步解耦为如下的两个相互独立的目标函数：

$$\min\left(C^{\mathrm{Ts}}+\sum_{d\in D}\begin{pmatrix}v_1^{\mathrm{d}}p_d^{\mathrm{Ts}}+v_2^{\mathrm{d}}r_d^{\mathrm{Ts},-}+v_3^{\mathrm{d}}r_d^{\mathrm{Ts},+}+y_1^{\mathrm{d}}/2\,(p_d^{\mathrm{Ts}}-(p_d)^{k-1})^2+\\ y_2^{\mathrm{d}}/2\,(r_d^{\mathrm{Ts},-}-(r_d^{-})^{k-1})^2+y_3^{\mathrm{d}}/2\,(r_d^{\mathrm{Ts},+}-(r_d^{+})^{k-1})^2\end{pmatrix}\right) \tag{7.29}$$

$$\min\left(\begin{matrix}C^{\mathrm{d}}+v_1^{\mathrm{d}}(-p_d)+v_2^{\mathrm{d}}(-r_d^{-})+v_3^{\mathrm{d}}(-r_d^{+})+y_1^{\mathrm{d}}/2\,((p_d^{\mathrm{Ts}})^{k-1}-p_d)^2+\\ y_2^{\mathrm{d}}/2\,((r_d^{\mathrm{Ts},-})^{k-1}-r_d^{-})^2+y_3^{\mathrm{d}}/2\,((r_d^{\mathrm{Ts},+})^{k-1}-r_d^{+})^2\end{matrix}\right) \tag{7.30}$$

式中，式（7.29）和式（7.30）分别代表输电网、主动配电网调度决策问题的目标函数。在每次决策问题的求解迭代中，输配电网的运行者仅要求对方电网在上次求解迭代中的边界优化结果，从而实现了输配电网调度决策问题的并行求解。

2. 基于新仿射策略的不确定约束转化

为了表述方便，将约束式（7.4）、式（7.5）、式（7.7）和式（7.8）改写为如下的向量形式：

$$\begin{cases}\boldsymbol{\varGamma}x+\boldsymbol{\varLambda}\tilde{\boldsymbol{r}}_i+\boldsymbol{\varTheta}\tilde{\boldsymbol{r}}_d+\boldsymbol{\varPsi}\tilde{\boldsymbol{p}}_{m_1}\leqslant\boldsymbol{W},\ \forall\tilde{\boldsymbol{p}}_{m_1}\in\left[\boldsymbol{p}_{m_1}^{\mathrm{lo}},\boldsymbol{p}_{m_1}^{\mathrm{up}}\right]\\ \tilde{\boldsymbol{r}}_i=\boldsymbol{f}_{i,m_1}(\tilde{\boldsymbol{p}}_{m_1}-\boldsymbol{p}_{m_1}),\ \forall\tilde{\boldsymbol{p}}_{m_1}\in\left[\boldsymbol{p}_{m_1}^{\mathrm{lo}},\boldsymbol{p}_{m_1}^{\mathrm{up}}\right]\\ \tilde{\boldsymbol{r}}_d=\boldsymbol{f}_{d,m_1}(\tilde{\boldsymbol{p}}_{m_1}-\boldsymbol{p}_{m_1}),\ \forall\tilde{\boldsymbol{p}}_{m_1}\in\left[\boldsymbol{p}_{m_1}^{\mathrm{lo}},\boldsymbol{p}_{m_1}^{\mathrm{up}}\right]\end{cases} \tag{7.31}$$

式中，$\boldsymbol{\varGamma}$、$\boldsymbol{\varLambda}$、$\boldsymbol{\varTheta}$、$\boldsymbol{\varPsi}$、$\boldsymbol{W}$ 均为常数矩阵；x 为除风电可接纳范围 $\left[\boldsymbol{p}_{m_1}^{\mathrm{lo}},\boldsymbol{p}_{m_1}^{\mathrm{up}}\right]$ 以外的决策变量向量；$\tilde{\boldsymbol{p}}_{m_1}$ 为输电网中随机风电扰动向量；$\tilde{\boldsymbol{r}}_i$ 和 $\tilde{\boldsymbol{r}}_d$ 分别为输电网中发电机组和主动配电网为应对随机风电波动而做出的功率调整向量；$\boldsymbol{f}_{i,m_1}$ 和 $\boldsymbol{f}_{d,m_1}$ 分别为输电网中发电机组和主动配电网响应输电网中风电随机波动的函数向量。此时，若采用传统的线性仿射函数 $\tilde{\boldsymbol{r}}=\boldsymbol{e}^{\mathrm{T}}(\tilde{\boldsymbol{p}}_{m_1}-\boldsymbol{p}_{m_1})\boldsymbol{\alpha}$ 作为有功扰动响应函数，根据强对偶原理，式（7.31）将转变为

$$\begin{cases}\boldsymbol{\varGamma}x+\boldsymbol{\lambda}_{m_1}^{\mathrm{lo}}\boldsymbol{p}_{m_1}^{\mathrm{lo}}+\boldsymbol{\lambda}_{m_1}^{\mathrm{up}}\boldsymbol{p}_{m_1}^{\mathrm{up}}\leqslant\boldsymbol{W}\\ \boldsymbol{\varLambda}\boldsymbol{\alpha}_{i,m_1}+\boldsymbol{\varTheta}\boldsymbol{\alpha}_{d,m_1}+\boldsymbol{\varPsi}-\boldsymbol{\lambda}_{m_1}^{\mathrm{lo}}-\boldsymbol{\lambda}_{m_1}^{\mathrm{up}}=0\\ \boldsymbol{\lambda}_{m_1}^{\mathrm{lo}},\boldsymbol{\lambda}_{m_1}^{\mathrm{up}}\geqslant0\end{cases} \tag{7.32}$$

式中，$\boldsymbol{\alpha}_{i,m_1}$ 和 $\boldsymbol{\alpha}_{d,m_1}$ 分别为输电网发电机组和主动配电网提供备用容量的参与因子；$\boldsymbol{\lambda}_{m_1}^{\mathrm{lo}}$、$\boldsymbol{\lambda}_{m_1}^{\mathrm{up}}$ 为引入的辅助决策变量；$\boldsymbol{\lambda}_{m_1}^{\mathrm{lo}}\boldsymbol{p}_{m_1}^{\mathrm{lo}}$ 和 $\boldsymbol{\lambda}_{m_1}^{\mathrm{up}}\boldsymbol{p}_{m_1}^{\mathrm{up}}$ 为采用传统线性仿射函数所导致的双线性项。显然，上述双线性约束的存在，一方面，导致优化模型中存在双线性项，不利于模型的高效求解。另一方面，将影响基于目标级联技术的分布式算法的收敛性，甚至可能导致算法无法收敛。为此，此处采用新仿射策略[91]作为有功扰动响应函数，将约束式（7.32）转变为线性约束。与传统的线性仿射策略相比，新仿射策略不会导致更保守的决策结果，甚至可能改善传统策略决策结果过于保守的缺陷。两者详细的对比见参考文献［91］，此处不再赘述。为了采用新的仿射策略，将原风电不确定集 $\tilde{\boldsymbol{p}}_{m_1}\in\left[\boldsymbol{p}_{m_1}^{\mathrm{lo}},\boldsymbol{p}_{m_1}^{\mathrm{up}}\right]$ 改写为如下形式：

$$\begin{cases}\tilde{\boldsymbol{p}}_{m_1}=\mathrm{diag}(\boldsymbol{p}_{m_1}^{\mathrm{lo}})\boldsymbol{\rho}_{m_1}^{\mathrm{lo}}+\mathrm{diag}(\boldsymbol{p}_{m_1}^{\mathrm{up}})\boldsymbol{\rho}_{m_1}^{\mathrm{up}}\\ 0\leqslant\boldsymbol{p}_{m_1}^{\mathrm{lo}}\leqslant\boldsymbol{e},0\leqslant\boldsymbol{p}_{m_1}^{\mathrm{up}}\leqslant\boldsymbol{e}\end{cases} \tag{7.33}$$

式中，e 为单位向量；$\mathrm{diag}(\boldsymbol{p}_{m_1})$ 为构建对角矩阵的函数，新矩阵的非对角线上元素均为 0，对角线上元素为向量 $\boldsymbol{p}_{m_1}$ 中的值；$\boldsymbol{\rho}_{m_1}^{\mathrm{lo}}$、$\boldsymbol{\rho}_{m_1}^{\mathrm{up}}$ 为引入的辅助变量。基于新的风电不确定集（7.33），式（7.31）可转化为

$$\begin{cases} \boldsymbol{\Lambda}\tilde{\boldsymbol{r}}_i + \boldsymbol{\Theta}\tilde{\boldsymbol{r}}_d + \boldsymbol{\Psi}\left[\mathrm{diag}(\boldsymbol{p}_{m_1}^{\mathrm{lo}})\,\mathrm{diag}(\boldsymbol{p}_{m_1}^{\mathrm{up}})\right]\left[\boldsymbol{\rho}_{m_1}^{\mathrm{lo}}\boldsymbol{\rho}_{m_1}^{\mathrm{up}}\right]^{\mathrm{T}} \\ \tilde{\boldsymbol{r}}_i = \hat{\boldsymbol{f}}_{i,m_1}(\boldsymbol{\rho}_{m_1}^{\mathrm{lo}},\boldsymbol{\rho}_{m_1}^{\mathrm{up}}),\ \tilde{\boldsymbol{r}}_d = \hat{\boldsymbol{f}}_{d,m_1}(\boldsymbol{\rho}_{m_1}^{\mathrm{lo}},\boldsymbol{\rho}_{m_1}^{\mathrm{up}}) \end{cases} \tag{7.34}$$

式中，$\hat{\boldsymbol{f}}_{i,m_1}$ 和 $\hat{\boldsymbol{f}}_{d,m_1}$ 分别为新风电不确定集下输电网中发电机组和主动配电网响应输电网中风电随机扰动的函数。然后，构建如下的新仿射策略：

$$\begin{aligned} \hat{\boldsymbol{f}}(\boldsymbol{\rho}_{m_1}^{\mathrm{lo}},\boldsymbol{\rho}_{m_1}^{\mathrm{up}}) &= \hat{\boldsymbol{\alpha}}\left[\boldsymbol{\rho}_{m_1}^{\mathrm{lo}}\boldsymbol{\rho}_{m_1}^{\mathrm{up}}\right] \\ &= \hat{\boldsymbol{\alpha}}\begin{bmatrix} (\mathrm{diag}(\boldsymbol{p}_{m_1}^{\mathrm{lo}}))^{-1} & 0 \\ 0 & (\mathrm{diag}(\boldsymbol{p}_{m_1}^{\mathrm{up}}))^{-1} \end{bmatrix}\begin{bmatrix} \tilde{\boldsymbol{p}}_{m_1} - \boldsymbol{p}_{m_1} \\ \tilde{\boldsymbol{p}}_{m_1} - \boldsymbol{p}_{m_1} \end{bmatrix} \end{aligned} \tag{7.35}$$

式中，$\hat{\boldsymbol{f}}$ 为新仿射策略下的输电网中风电随机扰动响应函数；$\hat{\boldsymbol{\alpha}}$ 为新仿射策略中的参与因子矩阵。将新仿射策略带入式（7.34），式（7.34）可转化为

$$\begin{cases} \boldsymbol{\Gamma}x + \boldsymbol{\Lambda}\left(\hat{\boldsymbol{\alpha}}_{i,m_1}\left[\boldsymbol{\rho}_{m_1}^{\mathrm{lo}}\quad \boldsymbol{\rho}_{m_1}^{\mathrm{up}}\right]^{\mathrm{T}}\right) + \boldsymbol{\Theta}\left(\hat{\boldsymbol{\alpha}}_{i,m_1}\left[\boldsymbol{\rho}_{m_1}^{\mathrm{lo}}\quad \boldsymbol{\rho}_{m_1}^{\mathrm{up}}\right]^{\mathrm{T}}\right) + \\ \qquad \boldsymbol{\Psi}\left[\mathrm{diag}(\boldsymbol{p}_{m_1}^{\mathrm{lo}})\ \mathrm{diag}(\boldsymbol{p}_{m_1}^{\mathrm{up}})\right]\left[\boldsymbol{\rho}_{m_1}^{\mathrm{lo}}\quad \boldsymbol{\rho}_{m_1}^{\mathrm{up}}\right]^{\mathrm{T}} \leqslant \boldsymbol{W} \\ \forall \boldsymbol{\rho}_{m_1}^{\mathrm{lo}} \in [0,e],\ \forall \boldsymbol{\rho}_{m_1}^{\mathrm{up}} \in [0,e] \end{cases} \tag{7.36}$$

基于强对偶原理，式（7.36）可进一步转化为如下的线性约束：

$$\begin{cases} \boldsymbol{\lambda} \geqslant \boldsymbol{\Lambda}\hat{\boldsymbol{\alpha}}_{i,m_1} + \boldsymbol{\Theta}\,\hat{\boldsymbol{\alpha}}_{d,m_1} + \boldsymbol{\Psi}\left[\mathrm{diag}(\boldsymbol{p}_{m_1}^{\mathrm{lo}})\ \mathrm{diag}(\boldsymbol{p}_{m_1}^{\mathrm{up}})\right] \\ \boldsymbol{\lambda}e + \boldsymbol{\Gamma}x \leqslant \boldsymbol{W},\ \boldsymbol{\lambda} \geqslant 0 \end{cases} \tag{7.37}$$

式中，$\boldsymbol{\lambda}$ 为引入的辅助决策变量矩阵；$\hat{\boldsymbol{\alpha}}_{i,m_1}$、$\hat{\boldsymbol{\alpha}}_{d,m_1}$、$\boldsymbol{p}_{m_1}^{\mathrm{lo}}$ 和 $\boldsymbol{p}_{m_1}^{\mathrm{up}}$ 为新仿射策略下的决策变量矩阵和向量。由此，通过采用新仿射策略，约束式（7.4），式（7.5），式（7.7）和式（7.8）转化为线性约束。同理，主动配电网优化模型中的相关约束也可通过采用新仿射策略而转化为线性约束。

3. 并行求解流程

至此，输电网和主动配电网的调度优化模型均形成了线性优化问题。此处，采用一个并行求解过程求解上述优化问题。该并行求解过程包含一个内迭代环和一个外迭代环。内迭代环用于更新边界优化解，而外迭代环更新优化模型中的惩罚乘子。前者旨在获取给定惩罚乘子下的边界最优解，而后者以寻找最优惩罚乘子为目标。若内迭代环能够获取更优的边界解，外迭代环就能找到更优的惩罚乘子。具体并行求解步骤如下：

1）（初始化）设定边界耦合变量 $(p_d^{\mathrm{Ts}}, p_d, r_d^{\mathrm{Ts},-}, r_d^-, r_d^{\mathrm{Ts},+}, r_d^-)$，惩罚乘子 $(v_1^{\mathrm{d}}, v_2^{\mathrm{d}}, v_3^{\mathrm{d}})$，迭代步长 (τ_1, τ_2) 的初始值。设定内迭代环计数器 $k_1 = 0$ 和外迭代环计数器 $k_2 = 1$。

2）（子问题求解）设定内迭代环计数器 $k_1 = k_1 + 1$。分别使用上一次迭代获得的边界优化解同时求解输电网和主动配电网调度决策子问题。在第一次求解时，使用边界优化解的初始值。

3）（内迭代环收敛验证）检查如下的内迭代环收敛条件（7.38），ε_1 为内迭代环的收敛门槛。

$$\max\left\{\begin{array}{l}\left\|(p_d)_{k_2}^{k_1}-(p_d)_{k_2}^{k_1-1}\right\|,\left\|(r_d^-)_{k_2}^{k_1}-(r_d^-)_{k_2}^{k_1-1}\right\|,\left\|(r_d^+)_{k_2}^{k_1}-(r_d^+)_{k_2}^{k_1-1}\right\|,\\\left\|(p_d^{\mathrm{Ts}})_{k_2}^{k_1}-(p_d^{\mathrm{Ts}})_{k_2}^{k_1-1}\right\|,\left\|(r_d^{\mathrm{Ts},-})_{k_2}^{k_1}-(r_d^{\mathrm{Ts},-})_{k_2}^{k_1-1}\right\|,\left\|(r_d^{\mathrm{Ts},+})_{k_2}^{k_1}-(r_d^{\mathrm{Ts},+})_{k_2}^{k_1-1}\right\|\end{array}\right\}\leqslant\varepsilon_1 \quad (7.38)$$

若满足（7.39），则内迭代环收敛，转去步骤 4。否则，使用如下的规则（7.40）更新相应的边界决策结果，然后，返回步骤 2。

$$\left\{\begin{array}{l}(\boldsymbol{P}_d)_{k_2}^{k_1}=(\boldsymbol{P}_d)_{k_2}^{k_1-1}+\tau_1\left((\boldsymbol{P}_d)_{k_2}^{k_1}-(\boldsymbol{P}_d)_{k_2}^{k_1-1}\right)\\(\boldsymbol{R}_d^-)_{k_2}^{k_1}=(\boldsymbol{R}_d^-)_{k_2}^{k_1-1}+\tau_1\left((\boldsymbol{R}_d^-)_{k_2}^{k_1}-(\boldsymbol{R}_d^-)_{k_2}^{k_1-1}\right)\\(\boldsymbol{R}_d^+)_{k_2}^{k_1}=(\boldsymbol{R}_d^+)_{k_2}^{k_1-1}+\tau_1\left((\boldsymbol{R}_d^+)_{k_2}^{k_1}-(\boldsymbol{R}_d^+)_{k_2}^{k_1-1}\right)\end{array}\right. \quad (7.39)$$

式中，$\boldsymbol{P}_d=[p_d^{\mathrm{Ts}},p_d]$，$\boldsymbol{R}_d^-=[r_d^{\mathrm{Ts},-},r_d^-]$，$\boldsymbol{R}_d^+=[r_d^{\mathrm{Ts},+},r_d^+]$；$\tau_1$ 为迭代步长，满足 $0\leqslant\tau_1\leqslant1$。

4）（外迭代环收敛验证）输电网运行者将其调度决策结果中的边界优化解 $(p_d^{\mathrm{Ts}},r_d^{\mathrm{Ts},-},r_d^{\mathrm{Ts},+})$ 发送给相应的主动配电网运行者。同时，主动配电网运行者将其调度决策结果中的边界优化解 (p_d,r_d^-,r_d^+) 发送给输电网运行者。验证式（7.40）所表示的收敛条件，如满足条件（7.40），则算法收敛，当前解即为最终解。否则，转去步骤 5。

$$\max\left\{\left\|(p_d^{\mathrm{Ts}})_{k_2}^{k_1}-(p_d)_{k_2}^{k_1}\right\|,\left\|(r_d^{\mathrm{Ts},-})_{k_2}^{k_1}-(r_d^-)_{k_2}^{k_1}\right\|,\left\|(r_d^{\mathrm{Ts},+})_{k_2}^{k_1}-(r_d^+)_{k_2}^{k_1}\right\|\right\}\leqslant\varepsilon_2 \quad (7.40)$$

式中，ε_2 为预先设定的外迭代环收敛门槛。

5）（惩罚乘子更新）输电网运行者和主动配电网运行者根据式（7.41）更新自身调度优化子问题的惩罚乘子。然后返回步骤 2。

$$\left\{\begin{array}{l}(\boldsymbol{V}^{\mathrm{d}})_{k_2}^{k_1}=(\boldsymbol{V}^{\mathrm{d}})_{k_2-1}^{k_1}+(\boldsymbol{Y}^{\mathrm{d}})_{k_2-1}^{k_1}\circ(\boldsymbol{X}_d)_{k_2-1}^{k_1}\\(\boldsymbol{Y}^{\mathrm{d}})_{k_2}^{k_1}=\tau_2(\boldsymbol{Y}^{\mathrm{d}})_{k_2-1}^{k_1}\end{array}\right. \quad (7.41)$$

式中，$\boldsymbol{V}^{\mathrm{d}}=[v_1^{\mathrm{d}},v_2^{\mathrm{d}},v_3^{\mathrm{d}}]$，$\boldsymbol{Y}^{\mathrm{d}}=[y_1^{\mathrm{d}},y_2^{\mathrm{d}},y_3^{\mathrm{d}}]$，$\boldsymbol{X}_d=[p_d^{\mathrm{Ts}}-p_d,r_d^{\mathrm{Ts},-}-r_d^-,r_d^{\mathrm{Ts},+}-r_d^+]$

7.1.5　算例分析

在算例分析中，通过在 3 个规模不同的测试系统上进行算例仿真分析，验证所提方法的可行性与有效性。所有算例仿真分析均在一台配置为 Intel Core i5-7300HQ 处理器、2.50GHz 主频、16GB 内存的移动工作站上实现，采用 GAMS 23.8.2 优化软件中的 CPLEX 12.6 求解器对优化问题进行求解。除非额外说明，算例仿真分析中的参数设定如下：所有风电场的装机容量一致，均为 50MW；弃风和甩负荷的风险成本系数分别设置为 300 元/（MW·h）和 3000 元/（MW·h）；T6D2 测试系统算例分析。

1. T6D2 测试系统算例分析

（1）T6D2 测试系统介绍

本部分内容第一个测试系统（后续简称为 T6D2 测试系统）的拓扑结构如图 7.1 所示，其由一个简单的 6 节点系统和分别连接在节点 3 和节点 4 处的主动配电网（后续分别简称为 ADG1 和 ADG2）组成。测试系统数据来源于参考文献 [92]，其中发电机组 G1-G3 爬坡能力的设定与 6.5 节相同。输、配电网交换功率的初始运行基点和初始备用容量均设定为 0MW。输电网中的风电场装机容量和配电网中的风电场装机容量分别设定为 50MW 和 20MW，风电场 W1~W4 输出功率的预测值分别设定为 10MW、10MW、30.3MW 和 22.6MW。在此测试算例中，假设系统运行中的不确定性只来源于风电场输出功率。

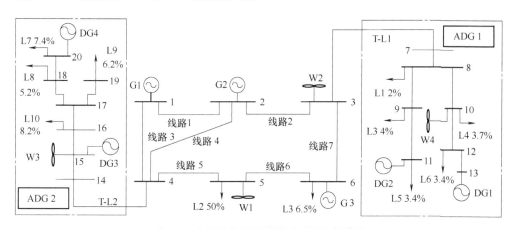

图 7.1　测试系统 T6D2 拓扑结构示意图

（2）与传统调度方案对比分析

为了验证在输电网调度决策中计及主动配电网备用支撑能力在提高系统运行经济性和可靠性方面的有效性，对比以下 5 种方案。

方案 1：传统的分布式输配协同方案[92]，其中输配电网的协同只考虑预测场景下的功率协同，可通过移除所提方案中功率扰动场景下的功率协同约束，即与输配电网备用容量交换有关的约束来实现；

方案 2：所提分布式输配协同方案，其中输配电网的协同同时计及预测场景和扰动场景下的功率协同；

方案 3：集中式输配协同方案，采用 7.1.3 节所构建的集中式优化模型，假设输配电网中存在一个集中调度决策中心，能够及时、精确地获取输配电网所有的信息，包括网络参数、拓扑信息和发电、负荷信息；

方案 4：所提分布式输配协同方案，但其中支路 2 的传输容量降低 10%；

方案 5：传统的分布式输配协同方案，但其中支路 2 的传输容量降低 10%。

上述5种方案的对比结果见表7.1。

表7.1 不同方案对比结果

方案	总成本/元	风险成本/元
方案1	10706.72	764.54
方案2	10154.37	197.63
方案3	10152.49	197.63
方案4	10154.37	197.63
方案5	10619.15	733.42

方案	风电接纳有效安全域/MW			
	W1	W2	W3	W4
方案1	[22.7~35.3]	[14.1~23.8]	[2.5~17.5]	[1.25~16.25]
方案2	[14.4~37.6]	[12.4~29.4]	[1.25~15.0]	[1.25~15.0]
方案3	[14.4~37.6]	[12.4~29.4]	[1.25~15.0]	[1.25~15.0]
方案4	[14.4~37.6]	[12.4~29.4]	[1.25~15.0]	[1.25~15.0]
方案5	[22.7~35.3]	[14.1~25.5]	[2.5~17.5]	[1.25~16.25]

从表中可以看出,与方案1相比,方案2(即所提方案)能够得到更好的决策结果,包括更低的总成本(降低约5.4%)和更大的输电网风电接纳有效安全域。这是因为当主动配电网能够用自身富余的灵活调节能力为输电网提供备用容量支持时,输电网能够利用更多的备用容量应对系统中的功率扰动。一方面,输电网中的发电机可配置更少的备用容量,从而其运行点能够更加接近最佳经济运行点,在降低备用成本的同时,降低了发电成本;另一方面,降低了发电机爬坡约束对备用响应速率的影响,使得系统拥有了更多具有更快响应速率的备用容量来应对新能源发电功率扰动,从而降低了新能源发电功率扰动下的系统运行风险,如表7.1所示。同时,从表7.1中还可以看出,方案2和方案3的决策结果极为接近,表明了所提分布式方法具有较高的计算精度。另外,通过对比方案2和方案4,可以看出,在所提方法决策结果下,支路2没有发生阻塞。同时,通过对比方案1和方案5可知,当主动配电网无法给输电网提供备用支撑时,支路2发生了阻塞。基于以上分析,可以得到以下结论:当主动配电网为输电网提供备用支撑时,即所提方法,输电网中的支路阻塞情况得到了缓解,从而从长远来看,可降低输电网输电线路扩容的投资成本。

(3)联络线传输容量灵敏度分析

从所构建的模型中可以看出,主动配电网所能提供给输电网的备用支撑容量与输配电网的联络线传输容量密切相关。输配电网联络线传输容量越小必然导致主动配电网所能提供给输电网的备用支撑容量越小。图7.2展示了在测试系统T6D2上,不同联络线传输容量下系统总运行成本和风险成本以及风电接纳有效安全域范围

（图中的输电网 ARWP）的减少量。从图中可以看到，随着输配电网联络线传输容量的降低，系统总运行成本和风险成本逐渐增加，而风电接纳有效安全域范围逐渐缩小。当输配电网联络线传输容量降低 20% 时，系统总运行成本增加约 12.3%，而风电接纳有效安全域范围缩小约 14.6%，表明了所提方案可指导输配电网联络线的动态扩容，从而实现主动配电网中灵活调节潜力的充分挖掘。

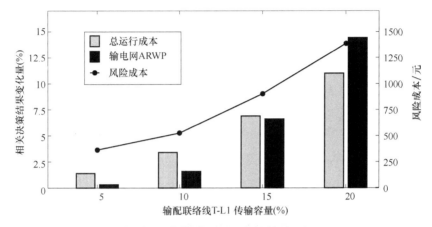

图 7.2　联络线灵敏度分析结果图

2. T118D20 测试系统算例分析

（1）算例分析结果分析

T118D20 测试系统由一个修改的 IEEE 118 节点的输电网和 20 个主动配电网（10 个 T6D2 系统中的 ADG1 和 10 个 ADG2）组成，拥有 258 个节点和 98 台发电机组。表 7.2 展示了所提方法在 T118D20 测试系统上的仿真结果。图 7.3 展示了所提分布式方法在 T118D20 测试系统上的收敛过程，其中横坐标代表迭代次数，纵坐标表示所提分布式算法结果与集中式方法结果的相对误差。从表 7.2 和图 7.3 中，可以看到，所提方法能够快速收敛到一个相对误差较小的全局近似最优解，表明了所提方法具有较高的计算效率和计算精度。

表 7.2　T118D20 测试系统仿真结果

系统总运行成本/元		分布式算法迭代次数	
输电网	配电网	内迭代环	外迭代环
31008.34	16115.28	17	12
计算时间/s		计算误差（%）	
3.342		0.08	

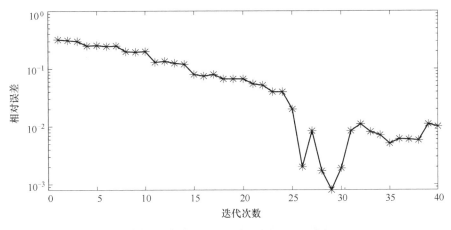

图 7.3　所提分布式方法迭代收敛过程图

（2）分段线性化方法中分段数灵敏度分析

为验证分段线性化方法中分段数量对所提方法决策结果的影响，对相应情况作了测试。图 7.4 显示了在 T118D20 测试系统中，分段线性化方法采用不同分段数量下的求解时间和系统运行总成本。从图中可以看出，随着分段数量的不断增多，系统总成本逐渐降低，表明分段线性化方法的线性化精度在不断提高。当分段数量从 10 个增长到 16 个时，系统总成本几乎保持不变，表明采用 10 个分段数已能够保证分段线性化方法的线性化精度足够高。另外，随着分段数量的增加，计算时间也在增加。但是，采用 10 个分段数，不但能够确保足够的线性化精度，还能满足在线应用对计算效率的要求。

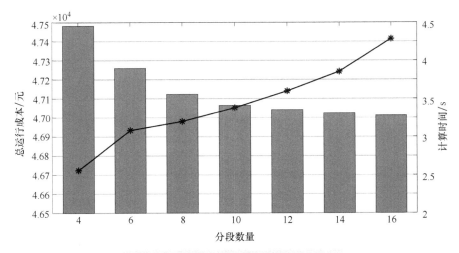

图 7.4　不同分段数下调度结果示意图

3. 实际电网等效的 11355 节点系统算例分析

进一步地，我们在山东省实际电网等效的测试系统上测试了不同主动配电网数量下所提方法的计算效率。山东省实际电网等效的测试系统拥有 32 个可调控机组，1135 个节点，693 条输电网支路和 770 条配电网支路。测试结果见表 7.3。从表中可看到，随着主动配电网的数量增多，所提方法的计算时间也在逐渐增加。但是，即使主动配电网的数量达到了 40，所提方法的计算时间也仅有约 2 分钟。同时可以看到，在不同的主动配电网数量下，所提方法均能保持较高的计算精度。这些表明了所提方法具备大系统应用潜力。

表 7.3　不同主动配电网数量下的计算效率

配电网数量	10	15	20	25	30	35	40
计算时间/s	19.8	27.9	32.6	42.1	60.4	89.5	123.7
计算误差（%）	0.11	0.23	0.12	0.07	0.17	0.13	0.16

7.1.6　小结

在本节中，提出一种计及输配协同的新能源消纳有效安全域提升方法。方法提出了新的输配电网动态互动策略，通过协调优化期望场景和扰动场景下输配电网交互的功率，实现了输配电网的动态互济协同，充分利用了不同电压等级电网的灵活调节能力，有效提升了输配电网的协同效益，扩大电网的新能源消纳有效安全域。同时，通过将系统运行风险成本体现到新能源消纳有效安全域优化决策模型的目标函数中，并借助分布式算法协同输配电网互动决策过程，实现了系统运行风险水平和风电接纳有效安全域的自动优化以及在输配电网间的均衡，改善了整体电网的经济性和运行风险水平。此外，为了解决采用传统线性仿射策略所导致的模型求解复杂、无法从理论上保证分布式算法收敛的问题，采用了新的仿射策略，在保证了分布式优化算法收敛性的同时，提高了优化模型的计算效率。T6D2 测试系统和T118D20 测试系统的仿真结果验证了本节所提方法的有效性。

7.2　计及多区域协同的新能源消纳有效安全域提升

7.2.1　引言

7.1 节提出的计及输配协同的新能源消纳有效安全域提升方法通过建立输电网与主动配电网间灵活调节能力动态互济模型，使得主动配电网能够直接为输电网提供备用容量支撑，实现输配电网间的动态协同运行。进一步地，随着不同区域间电网的联系日趋紧密，为提高电网整体的新能源消纳有效安全域，促进以风电为代表新能源的跨区消纳，应协同调度多区域电力系统的发电资源[93]，并充分发挥互联区域间联络线功率灵活调节的优势。同时，近年来，为响应"碳中和，碳达峰"国家重大战略目标，新能源发展迅猛，在稳步提升环境效益的同时，也因其强随机性及波动性加剧了电网调节能力的供需矛盾[94]。在此情况下，有必要挖掘更多的调节能力以提升系统的扰动平抑能力，充分利用区域间电网的灵活性互济能力将极大提升电网运行的经济性及安全性，提升新能源消纳的有效安全域。

为此，本节提出了计及多区域协同的新能源消纳有效安全域提升方法。为提升多区互联电力系统间的灵活性互济能力，本节提出了一种新的鲁棒分布式调度方法，其中，引入允许交换功率区间（Allowable Power Exchange Interval，APEI）即联络线功率有效安全域的概念，以充分利用多区互联电力系统的调节能力，具体来说，利用相邻电网的灵活性调节能力为目标电网提供备用容量支撑。然后，基于新能源发电功率的概率分布信息折中优化决策目标电网的运行成本和运行风险，相邻电网向目标电网提供的备用支撑容量也将被优化决策，进而，构建了计及电力系统多区互联的新能源消纳有效安全域优化模型。然后，借助交替方向乘子法（Alternating Direction Method of Multipliers，ADMM）将集中式鲁棒优化问题分解为多个分布式优化子问题。最后，开发了一种将非凸子问题转化为凸线性优化子问题的有效求解算法，在提升求解效率的同时确保了基于 ADMM 算法的分布式优化方法的收敛性。

7.2.2　优化模型

1. 目标函数

所提出的调度模型旨在通过在目标电网的运行成本和新能源接纳风险之间进行均衡，以及在相邻电网和目标电网之间进行均衡来最小化整个系统的总成本。因此，相邻电网和目标电网的目标函数可以描述如下：

$$\min Z^1 = \min \sum_{t=1}^{T} \left\{ \sum_{i=1}^{G^1} \left(c_i p_{i,t} + c_i^r \Delta p_{i,t} \right) + \sum_{w=1}^{W} Q_{w,t} \right\} \tag{7.42}$$

$$\min Z^a = \min \sum_{t=1}^{T} \sum_{j=1}^{G^a} \left(c_{a,j} p_{a,j,t} + c_{a,j}^r \Delta p_{a,j,t} \right) \tag{7.43}$$

其中，式（7.42）和式（7.43）分别表示目标电网和相邻电网的总运营成本；前者包括发电成本、发电机组的备用成本和消纳风电的风险成本，即目标函数式（7.42）中的第一项、第二项和第三项。后者包括发电机组的发电成本和备用成本，即目标函数式（7.43）中的第一项和第二项；t、i、w、a 和 j 分别表示调度时段、目标电网中的发电机、风电场、相邻电网和相邻电网中发电机组的索引；T、G^1、W、A 和 G^a 分别表示调度时段、目标电网中发电机组、风电场、相邻电网和相邻电网 a 中的发电机数量；c_i 和 c_i^r 分别表示发电机组 i 的发电成本系数及提供备用容量成本系数；

$p_{i,t}$ 和 $\Delta p_{i,t}$ 表示发电机组 i 的运行基点和备用容量；$Q_{w,t}$ 表示风电场 w 输出功率扰动所带来的运行风险成本。

2. 约束条件

（1）目标电网和相邻电网的系统功率平衡约束

$$\begin{cases} \sum_{i=1}^{G^1} p_{i,t} + \sum_{w=1}^{W} p_{w,t} + \sum_{a=1}^{A} p_{a,t}^1 = D_t^1,\ \forall t \\ \sum_{j=1}^{G^a} p_{a,j,t} + p_{a,t} = D_{a,t},\ \forall t \end{cases} \tag{7.44}$$

式中，$p_{w,t}$ 是风电场 w 的期望输出；$p_{a,t}^1 / p_{a,t}$ 是目标电网和相邻电网 a 之间交换的功率；D_t^1 和 $D_{a,t}$ 分别表示目标电网和相邻电网 a 中的负荷功率。

（2）目标电网和相邻电网的灵活性需求约束

考虑到系统的不确定性，提供足量的灵活性至关重要。目标电网和相邻电网的灵活性需求约束表示如下：

$$\begin{cases} \Delta p_{i,t} + \sum_{a=1}^{A} \Delta p_{a,t}^1 \geq \alpha_{i,t} \sum_{w=1}^{W} (\tilde{p}_{w,t} - p_{w,t}),\ \forall i,\ \forall t,\ \forall \tilde{p}_{w,t} \in [p_{w,t}^{lo}, p_{w,t}^{up}] \\ \Delta p_{a,j,t} \geq \alpha_{a,j,t} (\tilde{p}_{a,t} - p_{a,t}),\ \forall j,\ \forall t,\ \forall \tilde{p}_{a,j,t} \in [p_{a,t}^{lo}, p_{a,t}^{up}] \end{cases} \tag{7.45}$$

式中，$\alpha_{i,t}$ 和 $\alpha_{a,j,t}$ 分别是目标电网和相邻电网中发电机组的参与因子；$\Delta p_{a,t}^1$ 是相邻电网 a 为目标电网提供的灵活性；$p_{w,t}^{lo}$ 和 $p_{w,t}^{up}$ 分别为风电场 m 扰动可接纳范围的下限和上限；$p_{a,t}^{lo}$ 和 $p_{a,t}^{up}$ 分别是相邻电网 a 的 APEI 的下限和上限。

（3）目标电网和相邻电网发电机组爬坡速率约束

为确保备用容量能够及时利用，在优化过程中应充分考虑发电机的爬坡速率。目标电网和相邻电网中发电机组爬坡速率约束表示如下：

$$\begin{cases} -r_i^- \leq p_{i,t+1} - p_{i,t} + \Delta p_{i,t} + \Delta p_{i,t+1} \leq r_i^+,\ \forall i,\ \forall t \\ -r_{a,j}^- \leq p_{a,j,t+1} - p_{a,j,t} + \Delta p_{a,j,t} + \Delta p_{a,j,t+1} \leq r_{a,j}^+,\ \forall a,\ \forall j,\ \forall t \end{cases} \tag{7.46}$$

式中，r_i^- 和 r_i^+ 分别是目标电网中发电机的下爬坡和上爬坡限制；$r_{a,j}^-$ 和 $r_{a,j}^+$ 分别是相邻电网 a 中发电机的下爬坡和上爬坡限制。

（4）目标电网和相邻电网发电机组输出功率约束

$$\begin{cases} p_i^{min} \leq p_{i,t} + \Delta p_{i,t} \leq p_i^{max},\ \forall i,\ \forall t \\ p_{a,j}^{min} \leq p_{a,j,t} + \Delta p_{a,j,t} \leq p_{a,j}^{max},\ \forall a,\ \forall j,\ \forall t \end{cases} \tag{7.47}$$

式中，p_i^{min} 和 p_i^{max} 分别是目标电网中发电机组的最小和最大输出功率限制；$p_{a,j}^{min}$ 和 $p_{a,j}^{max}$ 分别是相邻电网中发电机组的最小和最大输出功率限制。

（5）目标电网和相邻电网联络线容量约束

$$\begin{cases} -T_a^{tie} \leq p_{a,t}^1 + \Delta p_{a,t}^1 \leq T_a^{tie},\ \forall a,\ \forall t \\ -T_a^{tie} \leq p_{a,t} + \Delta p_{a,t} \leq T_a^{tie},\ \forall a,\ \forall t \end{cases} \tag{7.48}$$

式中，T_a^{tie} 是连接目标电网和相邻电网 a 的联络线容量限制。

（6）目标电网和相邻电网传输容量约束

$$
\begin{cases}
\left| \sum_{a=1}^{A} M_{al}(p_{a,t}^1 + \Delta p_{a,t}^1) + \sum_{i=1}^{G^1} M_{il}(p_{i,t} + \Delta p_{i,t}) + \sum_{w=1}^{W} M_{wl}\tilde{p}_{w,t} \right| \leq T_l \\
\left| \sum_{a=1}^{A} M_{al}(p_{a,t} + \Delta p_{a,t}) + \sum_{j=1}^{G^a} M_{a,jl}(p_{a,j,t} + \Delta p_{a,j,t}) \right| \leq T_{a,l}
\end{cases}
\tag{7.49}
$$

式中，T_l 和 $T_{a,l}$ 分别是目标电网和相邻电网的传输容量限制；M_{al}、M_{il} 和 $M_{a,jl}$ 是转移分布因子；$\tilde{p}_{w,t}$ 是风电场 w 的随机输出。

3. 耦合约束

在所提出的鲁棒调度方法中有两种类型的耦合约束，即传输功率耦合约束和备用容量耦合约束，这两种约束分别为目标电网的 $\text{APEI}[p_{a,t}^1 - \Delta p_{a,t}^1, p_{a,t}^1 + \Delta p_{a,t}^1]$ 和相邻电网 a 的 $\text{APEI}[p_{a,t} - \Delta p_{a,t}, p_{a,t} + \Delta p_{a,t}]$。能量耦合约束与交换的有功功率基点密切相关。备用容量耦合约束是基于交换的备用容量决定的。两种约束可表示为：

$$p_{a,t}^1 = p_{a,t}, \forall a, \forall t \tag{7.50}$$

$$\Delta p_{a,t}^1 = \Delta p_{a,t}, \forall a, \forall t \tag{7.51}$$

应当注意，在所提出的分布式协同调度法中，所有相邻电网都可以为连接的目标电网提供备用容量支持，这可以从所提出的模型中的式（7.45）中观察到。当然，相邻电网可以决定是否为连接的电网提供备用容量支持，目标电网可以在所有愿意提供备用容量支持的相邻电网的备用容量的帮助下应对新能源不确定性。应当强调的是，利用所提的分布式协调调度方法可以优化系统的备用支撑能力。换句话说，目标电网可能不需要一些相邻电网的备用容量支持，即使它们愿意提供备用容量支持。

4. 新能源接纳风险度量

本节沿用 4.2 节的风电接纳风险度量指标，在概率分布已知的情况下，将由于风电扰动超出风电接纳有效安全域而引发的期望经济损失定义为风电接纳风险成本。具体而言，由此，风电接纳风险可表示如下：

$$E_{P_{w,t}}(\beta^{\text{lo}}(p_{w,t}^{\text{lo}} - \tilde{p}_{w,t})^+ + \beta^{\text{up}}(\tilde{p}_{w,t} - p_{w,t}^{\text{up}})^+) \tag{7.52}$$

式中，$E(\cdot)$ 表示 $(\cdot)$ 的期望值；$p_{w,t}$ 代表风电功率 $\tilde{p}_{w,t}$ 的概率密度函数；β^{lo} 和 β^{up} 分别代表弃风和功率短缺的惩罚因子；$p_{w,t}^{\text{lo}}$ 和 $p_{w,t}^{\text{up}}$ 分别是风电消纳有效安全域的下限和上限。

使用基于 K-block[95] 的分段线性方法，（7.52）可以用如下含有辅助变量和约束的线性表达式来近似：

$$
Q_{w,t} = \min_{Q_{w,t}^{\text{up}}, Q_{w,t}^{\text{lo}}} (\text{Risk}_{w,t}^{\text{up}} + \text{Risk}_{w,t}^{\text{lo}})
$$
$$
\begin{cases}
Q_{w,t}^{\text{up}} \geq a_{w,t,n}^{\text{up}} p_{w,t}^{\text{up}} + b_{w,t,n}^{\text{up}}, n = 1, 2, \cdots, N \\
Q_{w,t}^{\text{lo}} \geq a_{w,t,n}^{\text{lo}} p_{w,t}^{\text{lo}} + b_{w,t,n}^{\text{lo}}, n = 1, 2, \cdots, N
\end{cases}
\tag{7.53}
$$

式中，$a_{w,t,n}^{\mathrm{up}}$、$b_{w,t,n}^{\mathrm{up}}$、$a_{w,t,n}^{\mathrm{lo}}$、$b_{w,t,n}^{\mathrm{lo}}$ 和 n 是常数系数；N 是分段数。

需要指出的是，这里采用的分段线性化方法不同于传统的分段线性化法，该方法不会在线性化过程中引入整数变量[96]，这将有利于提高优化模型的计算效率，增强分布式优化算法的收敛性。同时，在上述分段线性化方法中，选取的分段数越多，所获得的求解结果就越精确。当然，随着分段数的增加，计算负担也会增加。在实际运行情况中，方法将选择适当数量的分段数，以均衡模型的求解效率和求解精度。

7.2.3 模型可解化处理

1. 互联电力系统解耦

根据 ADMM，通过松弛耦合约束，集成系统被解耦为目标电网和灵活性供给电网子系统，因此原目标函数被重新表述为

$$Z^1 + \sum_{t=1}^{T} \sum_{a=1}^{A} \{ \lambda_{a,t}^1 \cdot (p_{a,t}^1 - p_{a,t}) + \rho_{a,t}^1/2 \cdot (p_{a,t}^1 - p_{a,t})^2 + $$
$$\lambda_{a,t}^2 \cdot (\Delta p_{a,t}^1 - \Delta p_{a,t}) + \rho_{a,t}^2/2 \cdot (\Delta p_{a,t}^1 - \Delta p_{a,t})^2 \} \tag{7.54}$$

$$Z^a + \sum_{t=1}^{T} \{ \lambda_{a,t}^1 \cdot (p_{a,t} - p_{a,t}^1) + \rho_{a,t}^1/2 \cdot (p_{a,t} - p_{a,t}^1)^2 + $$
$$\lambda_{a,t}^2 \cdot (\Delta p_{a,t} - \Delta p_{a,t}^1) + \rho_{a,t}^2/2 \cdot (\Delta p_{a,t} - \Delta p_{a,t}^1)^2 \} \tag{7.55}$$

式中，$\lambda_{a,t}^1$，$\lambda_{a,t}^2$，$\rho_{a,t}^1$ 和 $\rho_{a,t}^2$ 是拉格朗日乘子参数。上述乘子将在迭代过程中更新，直到获得最终决策。

2. 双线性约束的重构

显然，约束式（7.45）和式（7.49）中存在双线性项，这将形成双线性规划问题。现有的求解器无法有效解决双线性规划问题。为了避免求解上述问题出现，本节采用了顺序凸优化方法[97]。在顺序凸优化方法中，双线性项中的两个决策变量将被交替优化。以双线性项 $x \cdot y$ 为例，具体步骤如下：

1）令迭代计数器 $s=1$。根据 AGC 机组容量设置 x 值。

2）将 $x=x^s$ 代入原始双线性问题。求解由此形成的线性优化问题，其中 y 为决策变量。从而得到最优解 y^s。

3）将 $y=y^s$ 代入原始双线性规划问题。求解由此形成的线性问题，其中 x 为决策变量。从而获得更新的最优解 x^{s+1}。

4）如果 $|x^{s+1}-x^s|/|x^s| \leq \beta^x$ 和 $|y^{s+1}-y^s|/|y^s| \leq \beta^y$，其中 β^x 和 β^y 是预设的偏差阈值，则算法结束，此时的解即为最终的最优解。否则，令 $s=s+1$，然后返回步骤 2。

需要指出的是，此处采用的顺序凸优化方法是一种启发式方法，只能保证局部最优解。但是，通过使用顺序凸优化方法，可以将原始的非凸优化问题转化为凸线性规划问题，这将显著提高计算效率，并从理论上保证所采用的 ADMM 分布式优

化算法的收敛性。

3. 分布式求解框架

经上述处理后目标电网和相邻电网的调度子问题均为凸优化问题。基于 ADMM
算法，本节设计了一个分布式求解框架用以协调目标电网和相邻电网，该过程包括
三个迭代循环，即两个内部迭代循环和一个外部迭代循环。图 7.5 给出了上述分布
式求解流程图，详细的求解过程如下：

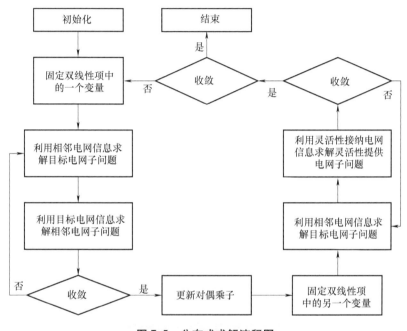

图 7.5　分布式求解流程图

步骤 0：（初始化）设置耦合边界变量（$p_{a,t}^1, p_{a,t}, \Delta p_{a,t}^1, \Delta p_{a,t}$）乘子（$\lambda_{a,t}^1, \lambda_{a,t}^2$,
$\rho_{a,t}^1, \rho_{a,t}^2$）的初始值，并更新步长（$\tau_1, \tau_2$）。设置迭代索引 $s=0$，$k=0$；

步骤 1：令 $s=s+1$。根据目标电网和相邻电网中 AGC 机组的发电容量分别设置
$\alpha_{i,t}^s$ 和 $\alpha_{a,j,t}^s$；

步骤 2.1：（求解目标电网优化调度子问题）令 $k=k+1$，$\alpha_{i,t}^k = \alpha_{i,t}^s$，和 $\alpha_{a,j,t}^k =$
$\alpha_{a,j,t}^s$。使用从连接的相邻电网和固定的 $\alpha_{i,t}^k$ 获得的边界决策结果来求解目标电网调
度子问题。然后将最优边界决策发送给相应的相邻电网。在第一次迭代中，根据初
始值求解目标电网调度子问题；

步骤 2.2：（求解相邻电网子问题）使用接收到的最优边界决策和固定的 $\alpha_{a,j,t}^k$
求解相邻电网调度子问题。然后，将获得的最优边界决策发送到与之相连接的目标
电网；

步骤 2.3：（内部迭代循环收敛验证条件）检查以下收敛条件：

$$\max\{\|(p_{a,t}^1)^k-(p_{a,t}^1)^{k-1}\|,\|(\Delta p_{a,t}^1)^k-(\Delta p_{a,t}^1)^{k-1}\|\}\leqslant\varepsilon_1 \qquad (7.56)$$

$$\max\{\|(p_{a,t}^1)^k-(p_{a,t})^k\|,\|(\Delta p_{a,t}^1)^k-(\Delta p_{a,t})^k\|\}\leqslant\varepsilon_2 \qquad (7.57)$$

式中，ε_1 和 ε_2 是预定的内部循环收敛阈值。如果同时满足（7.56）和（7.57），则转至步骤4。否则，转至步骤3。

步骤3：（对偶乘子更新）根据以下规则式（7.58）更新对偶乘子（$\lambda_{a,t}^1,\lambda_{a,t}^2$），然后转到步骤2.1；

$$\begin{cases}(\lambda_{a,t}^1)^{k+1}=(\lambda_{a,t}^1)^k+\tau_1((p_{a,t}^1)^{k+1}-(p_{a,t})^{k+1})\\(\lambda_{a,t}^2)^{k+1}=(\lambda_{a,t}^2)^k+\tau_2((\Delta p_{a,t}^1)^{k+1}-(\Delta p_{a,t})^{k+1})\end{cases} \qquad (7.58)$$

步骤4：（初始化）令 $p_{w,t}^{s,lo}=p_{w,t}^{k,lo,*},p_{w,t}^{s,up}=p_{w,t}^{k,up,*},p_{a,t}^{s,lo}=p_{a,t}^{k,lo,*},p_{a,t}^{s,up}=p_{a,t}^{k,up,*}$，设置 $k=0$；

步骤5.1：（目标电网子问题求解）令 $k=k+1$，设 $p_{w,t}^{k,lo}=p_{w,t}^{s,lo}$，$p_{w,t}^{k,up}=p_{w,t}^{s,up}$，$p_{a,t}^{k,lo}=p_{a,t}^{s,lo}$，$p_{a,t}^{k,up}=p_{a,t}^{s,up}$。使用从连接的相邻电网和固定的 $p_{w,t}^{k,lo}$、$p_{w,t}^{k,up}$ 获得的边界决策结果来求解目标电网优化调度子问题。然后，将最优边界决策发送给相应的主动配电网；

步骤5.2：（相邻电网子问题求解）使用接收到的最优边界决策和固定 $p_{a,t}^{k,lo}$、$p_{a,t}^{k,up}$，求解相邻电网优化调度子问题。然后，将获得的最优边界决策发送到与之相连接的目标电网；

步骤5.3：（内部迭代循环收敛验证）检查收敛条件式（7.56）和式（7.57）。如果满足式（7.56）和式（7.57），则转至步骤6。否则，转至步骤5.1；

步骤6：（外部迭代循环收敛验证）令 $s=s+1$，设 $\alpha_{i,t}^s=\alpha_{i,t}^{k,*}$，$\alpha_{a,j,t}^s=\alpha_{a,j,t}^{k,*}$，若 $|a^{s+1}-a^s|/|a^s|\leqslant\beta^1$，$|p^{s-1,lo}-p^{s,lo}|/|p^{s,lo}|\leqslant\beta^2$，$|p^{s-1,up}-p^{s,up}|/|p^{s,up}|\leqslant\beta^3$，其中 β^1,β^2，β^3 为预设的偏差阈值。算法结束，得到最优解。否则，令 $k=0$ 并返回步骤2.1。

7.2.4 算例分析

为了验证所提方法的性能，对两个测试系统（即2区域12节点系统和3区域354节点系统）进行算例分析。算例分析中的所有优化问题都是在配置 Intel（R）Core（TM）i5-7440HQ 处理器和8GB 内存的个人计算机上使用 CPLEX V12.6 求解器完成的。本节调度结果的时间范围设置为一个调度周期，即 5min。

1. 2 区域 12 节点测试系统算例分析

2区域12节点测试系统由2个修改的 IEEE 6节点输电网组成，目标电网与相邻电网之间通过一条联络线连接。系统拓扑图如图7.6所示。目标电网中风电场的详细装机容量、负荷需求、输电线路参数和发电机参数同7.1.5节第1部分内容。相邻电网风电场的装机容量设置为20MW。风电场 W1、W2、W3 和 W4 的风电预测值分别设置为30.3MW、22.6MW、10MW 和10MW。交换的有功功率基点的初始值和与之连接的相邻电网的备用支撑容量均设置为0MW。此外，在算例分析中，仅考虑风电扰动引起的不确定性。

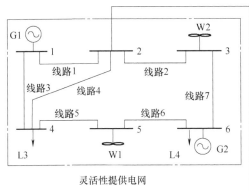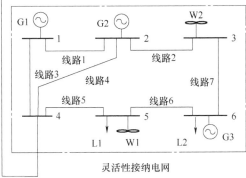

图 7.6　2 区域 12 节点测试系统拓扑图

为了说明所提出的分布式方法的特点，在基于 2 区域 12 节点测试系统中对比分析了以下方法。对比结果见表 7.4。

表 7.4　不同方法的调度结果对比

方法	总成本/元	风险成本/元	ARWP/MW
方法 1	13094.31	753.26	24.9
方法 2	9645.25	215.33	38.2
方法 3	9623.16	219.41	36.1
方法 4	9518.73	232.91	34.5

方法 1：传统的分布式调度方法用于协调目标电网和与之相连的相邻电网，其中，不同输电网之间只能交换传输功率。

方法 2：所提出的分布式调度方法用于优化整个系统，其中，相邻电网除供给有功率外，还可以为相连的目标电网提供备用容量支持。

方法 3：采用集中式调度方法优化整个系统，其中 7.2.2 节中提出的优化模型通过 7.2.3 节第 2 部分内容中的顺序凸优化方法直接求解。

方法 4：采用集中式调度方法优化整个系统，其中 7.2.2 节中提出的优化模型通过参考文献 [98] 提出的 Big-M 方法求解。

从表 7.4 可见，基于所提方法可以显著降低整个系统的总运行成本。显然，如果电网能够为与之相连的目标电网提供传输功率和备用容量支持，则可以利用更多更经济的新能源发电和备用容量来满足整个系统中的需求，从而降低传统发电机组的备用成本和发电成本。此外，从表 7.4 可见，通过使用所提方法，目标电网中风电接纳有效安全域（表中的 ARWP）也被扩大，相应地降低了风险成本，这表明通过使用所提出的方法可以消纳更多的风电。这是因为当目标电网能够充分利用整个系统的灵活调节能力，包括其自身的灵活性和其余输电网的灵活性，即其余输电网为目标电网提供备用容量支撑时，可以利用更多和更经济的备用容量来解决由于风电接入而产生的不确定性，提升风电利用率并降低风电消纳风险。通过利用相邻电网的备用容量，也可在一定程度上释放由于拥塞和爬坡率限制而导致的目标电网运行限制，这也促进了风电的消纳和系统运行成本的降低。

同时，通过比较表 7.4 中所示的方法 2 和方法 3 的结果，可以得刊出，所提出的分布式方法能够提供具有较小优化间隔的解决方案，这表明所提出的分布式方法具有较高的计算精度。通过比较表中方法 2 和方法 4 的结果，可以看出，尽管本节采用的顺序凸优化方法是一种启发式方法，但其优化误差在实际中通常是可以接受的。虽然 Big-M 方法可以用于处理双线性规划问题，但将形成非凸混合整数线性规划问题，这将显著影响基于 ADMM 的分布式算法的收敛性。因此，本节采用了顺序凸优化方法。

2. 3 区域 354 节点测试系统算例分析

为了进一步证明所提出方法的性能，在更大的 3 区域 354 节点系统测试了所提方法的计算效率。3 区域 354 节点测试系统包括 3 个修改的 IEEE 118 节点电力系统设计，其中，1 个 118 节点系统作为目标电网获得另外 2 个相邻 118 节点系统的备用支撑。

为了测试分段数对计算性能的影响，在 3 区域 354 节点测试系统上使用不同的分段数目进行了仿真。表 7.5 给出了不同分段数下的系统仿真结果。可以看出，采用的分段数越多，总成本越低，这表明分段线性近似的计算精度提高。同时，当采用更多的分段数时，计算负担也会增加。然而，从表 7.5 可见，通过在 3 区域 354 节点测试系统中选择适当数量的分段数，例如当分段数为 10 时，可以兼顾计算效率与计算精度。

表 7.5 不同分段数下的系统仿真结果

分段数量	6	8	10	12	14
总成本/10^5 元	4.6158	4.5872	4.5679	4.5630	4.5614
计算时间/s	5.93	6.14	6.41	6.82	7.57

7.2.5 小结

本节提出了一种计及多区域协同的新能源消纳有效安全域提升方法。首先，方法提出了一种新的鲁棒分布式优化调度模型用以协调具有互联关系的输电网络，其中，本节引入了 APEI 的概念，以充分利用多区域电网的互动潜力。具体地，根据所提出的方法，相邻电网可以向目标电网提供备用容量支持。同时，通过将系统运行风险成本体现到新能源消纳有效安全域提升决策模型的目标函数中，并借助分布式算法协同多区域电网互动决策过程，实现了系统运行成本与运行风险及互联输电网络间的均衡，提升了风电接纳的有效安全域。此外，融合了顺序凸优化方法、ADMM 算法设计的鲁棒分布式求解框架以较小的误差间隙换取了具有较高计算效率的优化调度结果。2 区域 12 节点测试系统和 3 区域 354 节点测试系统的仿真结果验证了所提方法的有效性。

7.3　本章小结

本章面向新能源消纳能力提升问题，提升了两种多电网互动中的新能源消纳有效安全域提升方法，针对当前输配协同框架难以充分利用主动配电网中的主动调节能力，构建了输配动态协同策略，提出了计及输配协同的新能源消纳有效安全域提升方法。为了充分挖掘多区域电网的互动效益，提出了计及多区域协同的新能源消纳有效安全域提升方法，实现了多电网间灵活调节能力的动态互济共享，显著提升电网的新能源消纳能力。需要指出的是，本章提出的新能源消纳有效安全域提升方法适用于实时调度、超前调度、日前机组组合等典型场景，具有较好的普适性。

参 考 文 献

［1］陈礼义，余贻鑫. 电力系统的安全性和稳定性［M］. 北京：科学出版社，1988.

［2］BEN-TAL A, GHAOUI L E, NEMIROVSKI A. Robust optimization［M］. Princeton Nj：Princeton University Press, 2009.

［3］BECK A, BEN-TAL A. Duality in robust optimization：primal worst equals dual best［J］. Operations Research Letters, 2009, 37（1）：1-6.

［4］BEN-TAL A, NEMIROVSKI A. Robust solutions of linear programming problems contaminated with uncertain data［J］. Mathematical Programming, 2000, 88（3）：411-424.

［5］LIU C, SHAHIDEPOUR M, WU L. Extended benders decomposition for two-stage SCUC［J］. IEEE Transactions on Power Systems, 2010, 25（2）：1192-1194.

［6］ZENG B, ZHAO L. Solving Two-Stage robust optimization problems using a column-and-constraint generation method［J］. Operations Research Letters, 2013, 41（5）：457-461.

［7］GUAN Y, WANG J. Uncertainty sets for robust unit commitment［J］. IEEE Transactions on Power Systems, 2014, 29（3）：1439-1440.

［8］LI Z, TANG Q, FLOUDAS C A. A comparative theoretical and computational study on robust counterpart optimization：ii. probabilistic guarantees on constraint satisfaction［J］. Industrial & Engineering Chemistry Research, 2012, 51（19）：6769-6788.

［9］LI Z, DING R, FLOUDAS C A. A comparative theoretical and computational study on robust counterpart optimization：i. robust linear optimization and robust mixed integer linear optimization［J］. Industrial & Engineering Chemistry Research, 2011, 50（18）：10567-10603.

［10］BERTSIMAS D, LITVINOV E, SUN X A, et al. Adaptive robust optimization for the security constrained unit commitment problem［J］. IEEE Transactions on Power Systems, 2013, 28（1）：52-63.

［11］SOYSTER A L. Convex programming with set-inclusive constraints and applications to inexact linear programming［J］. Operations Research, 1973, 21（5）：1154-1157.

［12］TYRRELL R R. Optimization of conditional value-at-risk［J］. Journal of Risk, 2000, 2（1）：1071-1074.

［13］王壬，尚金成，冯旸，等. 基于 CVaR 风险计量指标的发电商投标组合策略及模型［J］. 电力系统自动化，2005，29（14）：5-9.

［14］YANG M, LIN Y, HAN X S. Probabilistic wind generation forecast based on sparse Bayesian classification and Dempster-Shafer theory［J］. IEEE Transactions on Industry Applications, 2016, 52（3）：1998-2005.

［15］SMOLA A J, SCHOLKOPF B. A tutorial on support vector regression［J］. Statistics and Computing, 2004, 14（3）：199-222.

［16］ALKEMA L, CLARK S J. Probabilistic projections of HIV prevalence using Bayesian melding［J］. Annals of Applied Statistics, 2007, 1（1）：229-248.

［17］ YANG M, ZHU S, LIU M, et al. One parametric approach for short-term JPDF forecast of wind generation ［J］. IEEE Transactions on Industry Applications, 2014, 50 (4): 2837-2843.

［18］ 林优, 杨明, 韩学山, 等. 基于条件分类与证据理论的短期风电功率非参数概率预测方法 ［J］. 电网技术, 2016, 40 (4): 1113-1119.

［19］ TIPPING M E. Sparse Bayesian learning and the relevance vector machine ［J］. The Journal of Machine Learning Research, 2001, 1: 211-244.

［20］ GORDON J, SHORTLIFFE E H. The Dempster-Shafer theory of evidence ［J］. Rule-Based Expert Systems: The MYCIN Experiments of the Stanford Heuristic Programming Project, 1984, 3: 832-838.

［21］ SENTZ K, FERSON S. Combination of evidence in Dempster-Shafer theory ［M］. Albuquerque: Sandia National Laboratories, 2002.

［22］ MADSEN H, PINSON P, KARINIOTAKIS G, et al. Standardizing the performance evaluation of short-term wind power prediction models ［J］. Wind Engineering, 2005, 29 (6): 475-489.

［23］ PINSON P. Estimation of the uncertainty in wind power forecasting ［D］. Paris: Ecole des Mines de Paris, 2006.

［24］ BREMNES J B. Probabilistic wind power forecasts using local quantile regression ［J］. Wind Energy, 2004, 7 (1): 47-54.

［25］ GNEITING T, BALABDAOUI F, RAFTERY A E. Probabilistic forecasts, calibration and sharpness ［J］. Royal Statistical Society: Series B (Statistical Methodology), 2007, 69 (2): 243-268.

［26］ RAFTERY A E, GNEITING T, BALABDAOUI F, et al. Using Bayesian model averaging to calibrate forecast ensembles ［J］. Monthly Weather Review, 2005, 133 (5): 1155-1174.

［27］ SLOUGHTER M L, GNEITING T, RAFTERY A E. Probabilistic wind vector forecasting using ensembles and bayesian model averaging ［J］. Monthly Weather Review, 2013, 141 (6): 2107-2119.

［28］ BARAN S. Probabilistic wind speed forecasting using Bayesian model averaging with truncated normal components ［J］. Computational Statistics & Data Analysis, 2014, 75: 227-238.

［29］ SCHUHEN N, THORARINSDOTTIR T L, GNEITING T. Ensemble model output statistics for wind vectors ［J］. Monthly Weather Review, 2012, 140 (10): 3204-3219.

［30］ JUBAN J, FUGON L, KARINIOTAKIS G. Probabilistic short-term wind power forecasting based on kernel density estimators ［C］. European Wind Energy Conference, Milan, 2007.

［31］ DEMPSTER A. Maximum likelihood from incomplete data via the EM algorithm ［J］. Journal of the Royal Statistical Society, 1977, 39 (1): 1-38.

［32］ 吴玫. 粒子群算法及其应用 ［D］. 南京: 南京工业大学, 2008.

［33］ 韩学山, 赵建国. 刚性优化与柔性决策结合的电力系统运行调度理论探讨 ［J］. 中国电力, 2004 (01): 19-22.

［34］ 杨明, 韩学山, 王士柏, 等. 不确定运行条件下电力系统鲁棒调度的基础研究 ［J］. 中国电机工程学报, 2011, 31 (S1): 100-107.

［35］ 魏韡, 刘锋, 梅生伟. 电力系统鲁棒经济调度 (一) 理论基础, 电力系统自动化 ［J］.

2013，37（17）：37-43.

［36］孙元章，吴俊，李国杰，等. 基于风速预测和随机规划的含风电场电力系统动态经济调度［J］. 中国电机工程学报，2009，29（04）：41-47.

［37］YAKIN M Z. Stochastic economic dispatch in electrical power systems［J］. Engineering Optimization，2007，8（2）：119-135.

［38］MIRANDA V，HANG P S. Economic dispatch model with fuzzy wind constraints and attitudes of dispatchers［J］. IEEE Transactions on Power Systems，2005，20（4）：2143-2145.

［39］CHEN H，CHEN J，DUAN X. Fuzzy modeling and optimization algorithm on dynamic economic dispatch in wind power integrated system［J］. Automation of Electric Power Systems，2006，30（2）：22-26.

［40］梅生伟，郭文涛，王莹莹，等. 一类电力系统鲁棒优化问题的博弈模型及应用实例［J］. 中国电机工程学报，2013，33（19）：47-56.

［41］JIANG R，WANG J，GUAN Y. Robust unit commitment with wind power and pumped storage hydro［J］. IEEE Transactions on Power Systems，2012，27（2）：800-810.

［42］张伯明，吴文传，郑太一，等. 消纳大规模风电的多时间尺度协调的有功调度系统设计［J］. 电力系统自动化，2011，35（1）：1-6.

［43］MARANNINO P，GRANELLI G P，MONTAGNA M，et al. Different time-scale approaches to the real power dispatch of thermal units［J］. IEEE Transactions on Power Systems，1990，5（1）：169-176.

［44］雷宇，杨明，韩学山. 基于场景分析的含风电系统机组组合的两阶段随机优化［J］. 电力系统保护与控制，2012，（23）：58-67.

［45］WINSTON W L. Operations research：applications and algorithms［M］. Belmont：Duxbury Press，2003.

［46］ZHU J Z，FAN R Q，XU G Y，et al. Construction of maximal steady-state security regions of power systems using optimization method［J］. Electric Power System Research，1998，44（2）：101-105.

［47］JOYE A，PFISTER C E. Power generation，operation and control［M］. New York：John Wiley & Sons，1984.

［48］WANG S J，SHAHIDEHPOUR S M，KIRSCHEN D S，et al. Short-Term generation scheduling with transmission and environmental constraints using an augmented lagrangian-relaxation［J］. IEEE Transactions on Power Systems，1995，10（3）：1294-1301.

［49］杨明，韩学山，梁军，等. 基于等响应风险约束的动态经济调度［J］. 电力系统自动化，2009，33（01）：14-17.

［50］ZHAO C，WANG J，WATSON J，et al. Multi-Stage robust unit commitment considering wind and demand response uncertainties［J］. IEEE Transactions on Power Systems，2013，28（3）：2708-2717.

［51］DVORKIN Y，PANDZIC H，ORTEGA-VAZQUEZ M A，et al. A hybrid stochastic/interval approach to transmission-constrained unit commitment［J］. IEEE Transactions on Power Systems，2015，30（2）：621-631.

［52］ WANG M Q, GOOI H B, CHEN S X, et al. A mixed integer quadratic programming for dynamic economic dispatch with valve point effect ［J］. IEEE Transactions on Power Systems, 2014, 29 (5): 2097-2106.

［53］ BIAN Q, XIN H, WANG Z, et al. Distributionally robust solution to the reserve scheduling problem with partial information of wind power ［J］. IEEE Transactions on Power Systems, 2015, 30 (5): 2822-2823.

［54］ 李文沅. 电力系统安全经济运行——模型与方法 ［M］. 重庆: 重庆大学出版社, 1989.

［55］ WANG Z, BIAN Q, XIN H, et al. A distributionally robust co-ordinated reserve scheduling model considering CVaR-based wind power reserve requirements ［J］. IEEE Transactions on Sustainable Energy, 2017, 7 (2): 625-636.

［56］ WEI W, LIU F, MEI S. Distributionally robust co-optimization of energy and reserve dispatch ［J］. IEEE Transactions on Sustainable Energy, 2016, 7 (1): 289-300.

［57］ 张昭遂, 孙元章, 李国杰, 等. 计及风电功率不确定性的经济调度问题求解方法 ［J］. 电力系统自动化, 2011, 35 (22): 125-130.

［58］ WANG C, LIU F, WANG J, et al. Risk-Based admissibility assessment of wind generation integrated into a bulk power system ［J］. IEEE Transactions on Sustainable Energy, 2016, 7 (1): 325-336.

［59］ ROSS D W, KIM S. Dynamic economic dispatch of generation ［J］. IEEE Transactions on Power Apparatus & Systems, 1980, PAS-99 (6): 2060-2068.

［60］ WU W, CHEN J, ZHANG B, et al. A robust wind power optimization method for look-ahead power dispatch ［J］. IEEE Transactions on Sustainable Energy, 2014, 5 (2): 507-515.

［61］ GU Y, XIE L. Stochastic look-ahead economic dispatch with variable generation resources ［J］. IEEE Transactions on Power Systems, 2017, 32 (1): 17-29.

［62］ LI Z, WU W, ZHANG B, et al. Efficient location of unsatisfiable transmission constraints in look-ahead dispatch via an enhanced lagrangian relaxation framework ［J］. IEEE Transactions on Power Systems, 2015, 30 (3): 1233-1242.

［63］ WU H, SHAHIDEHPOUR M, ALABDULWAHAB A, et al. Thermal generation flexibility with ramping costs and hourly demand response in stochastic security-constrained scheduling of variable energy sources ［J］. IEEE Transactions on Power Systems, 2015, 30 (6): 2955-2964.

［64］ YU H, CHUNG C Y, WONG K P, et al. A chance constrained transmission network expansion planning method with consideration of load and wind farm uncertainties ［J］. IEEE Transactions on Power Systems, 2009, 24 (3): 1568-1576.

［65］ NAVID N, ROSENWALD G. Market solutions for managing ramp flexibility with high penetration of renewable resource ［J］. IEEE Transactions on Sustainable Energy, 2012, 3 (4SI): 784-790.

［66］ THATTE A A, XIE L. A metric and market construct of inter-temporal flexibility in time-coupled economic dispatch ［J］. IEEE Transactions on Power Systems, 2016, 31 (5): 3437-3446.

［67］ KOUZELIS K, TAN Z H, BAK-JENSEN B, et al. Estimation of residential heat pump consumption for flexibility market applications ［J］. IEEE Transactions on Smart Grid, 2015, 6 (4): 1852-1864.

[68] CLAVIER J, BOUFFARD F, RIMOROV D, et al. Generation dispatch techniques for remote communities with flexible demand [J]. IEEE Transactions on Sustainable Energy, 2015, 6 (3): 720-728.

[69] ZHANG X, HUG G, HARJUNKOSKI I. Cost-Effective scheduling of steel plants with flexible eafs [J]. IEEE Transactions on Smart Grid, 2017, 8 (1): 239-249.

[70] MA J, SILVA V, BELHOMME R, et al. Evaluating and planning flexibility in sustainable power systems [J]. IEEE Transactions on Sustainable Energy, 2013, 4 (1): 200-209.

[71] MENG K, YANG H, DONG Z Y, et al. Flexible operational planning framework considering multiple wind energy forecasting service providers [J]. IEEE Transactions on Sustainable Energy, 2016, 7 (2): 708-717.

[72] WU C, HUG G, KAR S. Risk-Limiting economic dispatch for electricity markets with flexible ramping products [J]. IEEE Transactions on Power Systems, 2016, 31 (3): 1990-2003.

[73] YANG M, WANG M Q, CHENG F L, et al. Robust economic dispatch considering automatic generation control with affine recourse process [J]. International Journal of Electrical Power & Energy Systems, 2016, 81: 289-298.

[74] LI Z, WU W, ZHANG B, et al. Adjustable robust real-time power dispatch with large-scale wind power integration [J]. IEEE Transactions on Sustainable Energy, 2015, 6 (2): 357-368.

[75] BOUFFARD F, GALIANA F D. Stochastic security for operations planning with significant wind power generation [J]. IEEE Transactions on Power Systems, 2008, 23 (2): 306-316.

[76] MOLZAHN D K, DRFLER F, SANDBERG H, et al. A survey of distributed optimization and control algorithms for electric power systems [J]. IEEE Transactions on Smart Grid, 2017, 8 (6): 2941-2962.

[77] KARGARIAN A, MOHAMMADI J, GUO J, et al. Toward distributed/ decentralized DC optimal power flow implementation in future electric power system [J]. IEEE Transactions on Smart Grid, 2018, 9 (4): 2574-2593.

[78] HOU Q, DU E, ZHANG N, et al. Impact of high renewable penetration on the power system operation mode: a data-driven approach [J]. IEEE Transactions on Power Systems, 2020, 35 (1): 731-741.

[79] LIN C, WU W, CHEN X, ZHENG W. Decentralized dynamic economic dispatch for integrated transmission and active distribution networks using multi-parametric programming [J]. IEEE Transactions on Smart Grid, 2018, 9 (5): 4983-4993.

[80] HE C, WU L, SHAHIDEHPOUR M. Robust co-optimization scheduling of electricity and natural gas system via ADMM [J]. IEEE Transactions on Sustainable Energy, 2017, 8 (2): 658-670.

[81] XIA S, BU S, WAN C, et al. A fully distributed hierarchical control framework for coordinated operation of DERs in active distribution power networks [J]. IEEE Transactions on Power Systems, 2019, 34 (6): 5184-5197.

[82] MOHITI M, MONSEF H, ANVARI A, et al. A decentralized robust model for optimal operation of distribution companies with private microgrids [J]. International Journal of Electrical Power & Energy Systems, 2019, 106: 105-123.

［83］ GAO H, LIU J, WANG L, et al. Dencentralized energy management for network microgrids in future distribution systems ［J］. IEEE Transactions on Power Systems, 2018, 33（4）: 3599-3610.

［84］ KARGARIAN A, FU Y, WU H. Chance-constrained system of systems based operation of power system ［J］. IEEE Transactions on Power Systems, 2016, 31（5）: 3404-3413.

［85］ CAO X, WANG J, ZENG B. Networked microgrids planning through chance constrained stochastic conic programming ［J］. IEEE Transactions on Smart Grid, 2019, 10（6）: 6619-6628.

［86］ YU J, LI Z, GUO Y, SUN H. Decentralized chance-constrained economic dispatch for integrated transmission-district energy systems ［J］. IEEE Transactions on Smart Grid, 2019, 10（6）: 6724-6734.

［87］ YEH H, GAYME D F, LOW S H. Adaptive VAR control for distribution circuits with photovoltaic generators ［J］. IEEE Transactions on Power Systems, 2012, 27（3）: 1656-1663.

［88］ KARGARIAN A, FU Y. System of systems based security-constrained unit commitment incorporating active distribution grids ［J］. IEEE Transactions on Power Systems, 2014, 29（5）: 2489-2498.

［89］ LI Y, LU Z, MICHALEK J J. Diagonal quadratic approximation for parallelization of analytical target cascading ［J］. Journal of Mechanical Design, 2008, 130（5）: 051402.

［90］ DERBEL N, KAMOUN M, POLOUJADOFF M. New approach to block-diagonalization of singularly perturbed systems by Taylor expansion ［J］. IEEE Transactions on Automatic Control, 1994, 39（7）: 1429-1431.

［91］ YE H. Surrogate affine approximation based co-optimization of transaction flexibility, uncertainty, and energy ［J］. IEEE Transactions on Power Systems, 2018, 33（4）: 4084-4096.

［92］ LI Z, GUO Q, SUN H, WANG J. Coordinated economic dispatch of coupled transmission and distribution systems using HGD ［J］. IEEE Transactions on Power Systems, 2016, 31（6）: 4817-4830.

［93］ 陈哲, 王櫓裕, 郭创新, 等. 基于风险的多区互联电力系统分布式鲁棒动态经济调度 ［J］. 电力系统自动化, 2021, 45（23）: 113-122.

［94］ 鲁宗相, 林弋莎, 乔颖, 等. 极高比例新能源电力系统的灵活性供需平衡 ［J］. 电力系统自动化, 2022, 46（16）: 3-16.

［95］ WANG C, LIU F, WANG J, et al. Robust risk-constrained unit commitment with large-scale wind generation: an adjustable uncertainty set approach ［J］. IEEE Transactions on Power Systems, 2017, 32（1）: 723-733.

［96］ Li P, WU Q, YANG M, et al. Distributed distributionally robust dispatch for integrated transmission-distribution systems ［J］. IEEE Transactions on Power Systems, 2021, 36（2）: 1193-1205.

［97］ LI P, YANG M, WU Q. Confidence interval based distributionally robust real-time economic dispatch approach considering wind power accommodation risk ［J］. IEEE Transactions on Sustainable Energy, 2021, 12（1）: 58-69.

［98］ LI P, WANG C, WU Q, et al. Risk based distributionally robust real-time dispatch considering voltage security [J]. IEEE Transactions on Sustainable Energy, 2021, 12 (1): 36-45.

[99] 周安平, 杨明, 赵斌, 等. 电力系统运行调度中的高阶不确定性及其对策评述 [J]. 电力系统自动化, 2018, 42 (12): 173-183.

[100] BIAN Q, XIN H, WANG Z, et al. Distributionally robust solution to the reserve scheduling problem with partial information of wind power [J]. IEEE Transactions on Power Systems, 2015, 30 (5): 2822-2823.

[101] DUAN C, JIANG L, FANG W, et al. Data-Driven distributionally robust energy-reserve-storage dispatch [J]. IEEE Transactions on Industrial Informatics, 2018, 14 (7): 2826-2836.

[102] WEI W, LIU F, MEI S. Distributionally robust co-optimization of energy and reserve dispatch [J]. IEEE Transactions on Sustainable Energy, 2016, 7 (1): 289-300.

[103] WALLEY P, WALLEY P. Statistical reasoning with imprecise probabilities [M]. London: Chapman and Hall, 1991.

[104] MATT G, DAVID K. Evenly sensitive ks-type inference on distributions [J]. David Kaplan, 2015.

[105] BERNARD J M. An introduction to the imprecise dirichlet model for multinomial data [J]. International Journal of Approximate Reasoning, 2005, 39 (2): 123-150.

[106] WALLEY P. Inferences from multinomial data: learning about a bag of marbles [J]. Journal of The Royal Statistical Society Series B-Methodological, 1996, 58 (1): 3-34.

[107] YANG M, WANG J, DIAO H, et al. Interval estimation for conditional failure rates of transmission lines with limited samples [J]. IEEE Transactions on Smart Grid, 2018, 9 (4): 2752-2763.

[108] ZHAI Q, GUAN X, CHENG J, et al. Fast identification of inactive security constraints in SCUC problems [J]. IEEE Transactions on Power Systems, 2010, 25 (4): 1946-1954.

[109] YANG J, ZHANG N, KANG C, et al. A state-independent linear power flow model with accurate estimation of voltage magnitude [J]. IEEE Transactions on Power Systems, 2016, 32 (5): 3607-3617.

[110] WILKS S S. Mathematical statistics [M]. New York: John Wiley & Sons, 1962.

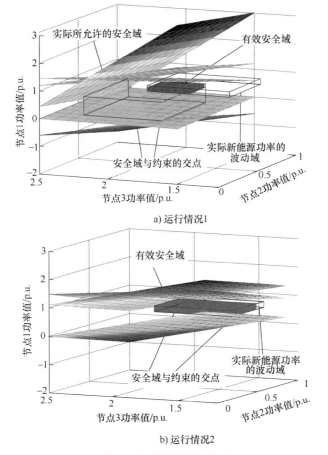

a) 运行情况1

b) 运行情况2

图 1.1　有效安全域示意图

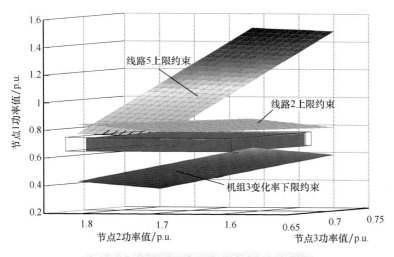

图 3.3　功率扰动为±7%时的有效安全域

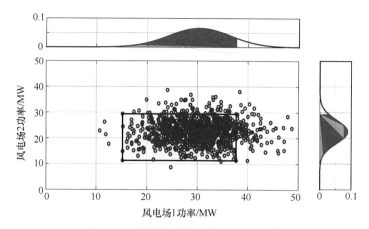

图 4.9 6 节点系统风电接纳范围示意图

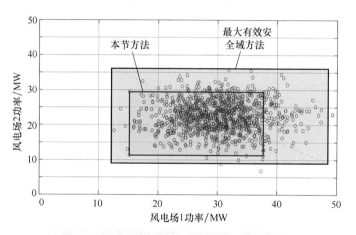

图 4.10 本节方法与最大有效安全域方法对比

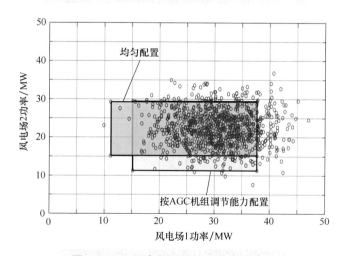

图 4.13 不同参与因子的风电接纳范围